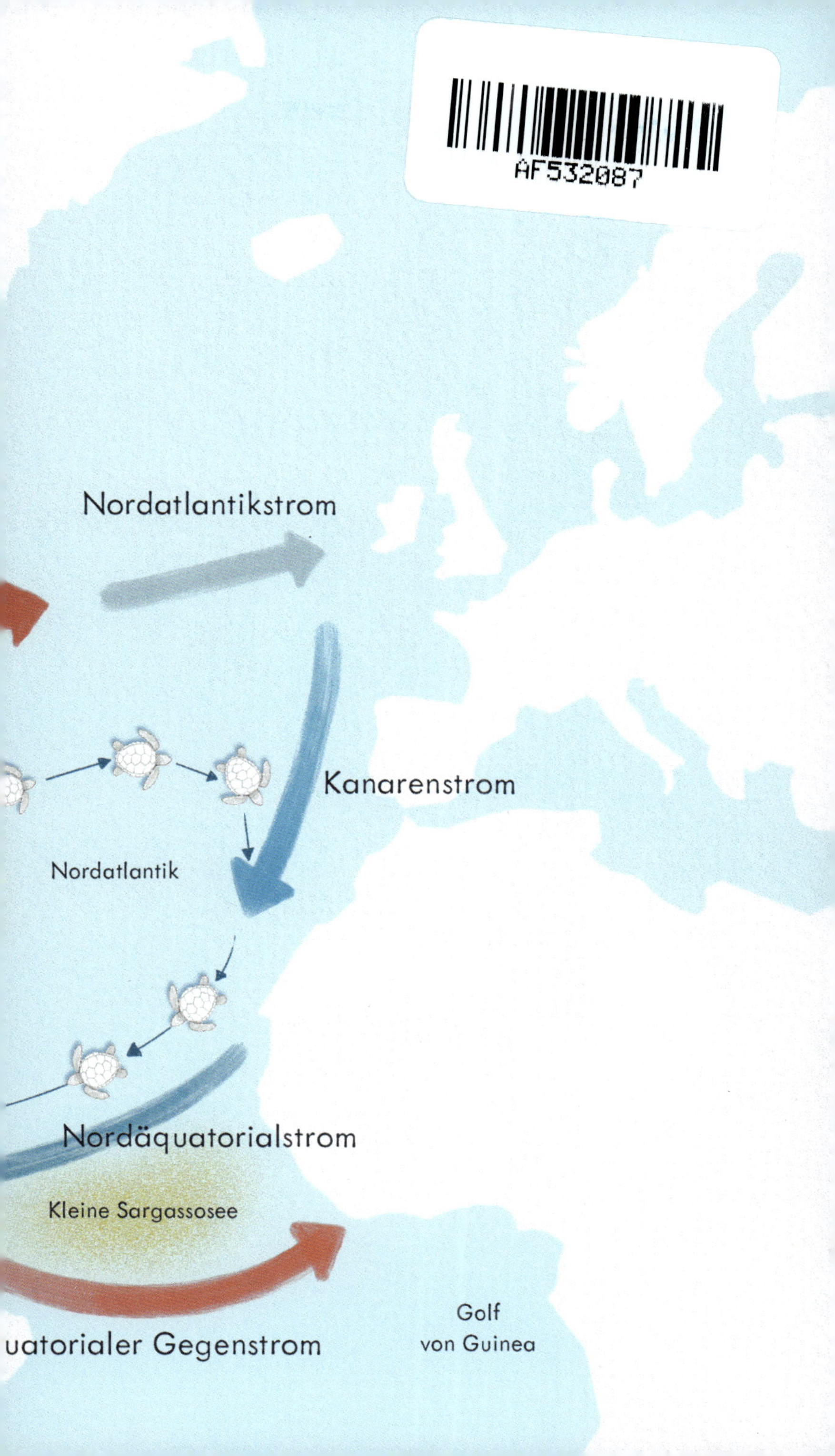

Nordatlantikstrom

Kanarenstrom

Nordatlantik

Nordäquatorialstrom

Kleine Sargassosee

uatorialer Gegenstrom

Golf
von Guinea

FRAUKE BAGUSCHE

NOMADEN DER OZEANE

FRAUKE BAGUSCHE

NOMADEN DER OZEANE

DAS GEHEIMNIS DER MEERESSCHILDKRÖTEN

Ihre einzigartigen Supersinne,
ihr erstaunliches Orientierungsvermögen und
wie sie die Meere formen

Illustriert von Inka Hagen

LUDWIG

Penguin Random House Verlagsgruppe FSC® N001967

Originalausgabe 03/2023

Redaktion: Dr. Ulrike Strerath-Bolz
Illustration: Inka Hagen, www.inkahagen.de
Umschlaggestaltung: wilhelm typo grafisch,
unter Verwendung eines Fotos von
Willyam Bradberry/Shutterstock.com
Satz: Leingärtner, Nabburg
Druck und Bindung: GGP Media GmbH, Pößneck
Printed in Germany
ISBN: 978-3-453-28139-4

www.Ludwig-Verlag.de

Dieses Buch ist für diejenigen, die mein Leben geprägt und mich immer unterstützt haben: meine Eltern Günter und Ingrid Bagusche, meine Brüder Fabian und Tobias Bagusche und meine Patentante Angelika Frisch.

Für Holger
Mit dir zusammen tauche ich am allerliebsten nach Meeresschildkröten.

»How inappropriate to call this planet Earth when it is clearly Ocean.«

ARTHUR C. CLARKE

Inhalt

Vorwort

Schildkröten gehören zu den Tieren, deren Faszination sich wohl kaum jemand entziehen kann. Wie kein anderes Tier spielen Schildkröten seit Tausenden von Jahren eine wichtige Rolle in der menschlichen Kultur und Spiritualität: Sie kommen in Erzählungen, Religion und Folklore auf der ganzen Welt vor. Zwar schaffen sie es selten auf die Titelseiten der Boulevardzeitungen, ganz im Gegensatz zu den zu Unrecht verteufelten Haien, aber sie gehören zu den Tierarten, die das Herz von vielen Menschen erobert haben. So auch, schon in jungen Jahren, meins.

Meine Faszination für Schildkröten habe ich Marilyn Monroe und Napoleon zu verdanken. Dabei handelte es sich aber nicht um den französischen Kaiser und die US-amerikanische Filmschauspielerin, sondern um zwei Gelbbauch- (oder auch: Gelbwangen-) Schmuckschildkröten (*Trachemys scripta*), die in den Neunzigern übergangsweise bei uns einzogen. Schon damals liebte ich es, den beiden Wasserschildkröten in ihrem Paludarium, auch Aquaterrarium genannt (eine Kombination aus Terrarium und Aquarium), bei ihren täglichen Aktivitäten zuzuschauen.

Seitdem hat mich die Faszination für diese gepanzerten Echsen nie mehr losgelassen. Meine Reisen und Forschungsaufenthalte geben dieser Faszination immer weiter Nahrung, da ich schon unzählige Schildkröten in ihrem natürlichen Lebensraum beobachten durfte. An viele dieser Momente denke ich gern zurück.

So wie an diesem windstillen Vormittag auf den Malediven: Ich war im Flachwasserbereich vor Kuramathi, einer Insel der Malediven, auf der Suche nach einem bestimmten Fisch, der zwischen kleinen Korallenblöcken wohnen sollte. Mein Gestöber zwischen den Korallen blieb nicht lange unbemerkt, denn ein kleiner Schwarzspitzenriffhai begann mich durch das Riff zu begleiten und schwamm nie mehr als einen Meter von mir entfernt an meiner Seite. Diese etwas ungewöhnliche Kombination aus Mensch und Fisch erregte offenbar das Interesse einer Echten Karettschildkröte, die sich unserer Suche anschloss. So zogen wir drei friedlich Seite an Seite durch das Riff. Dabei kam ich mir von meinen zwei Begleitern sehr genau beobachtet vor; sie musterten mich ab und an interessiert. Vor allem die Meeresschildkröte schien keinerlei Scheu vor mir zu haben, und ich habe sie auf späteren Unterwassertouren immer wieder getroffen. Da sie sich offenbar an unserem Hausriff zu Hause fühlte und sie mit der Zeit ein vertrautes Gesicht im Riff wurde, haben wir sie Loabi genannt. Auf *Dhivehi*, der Sprache der Malediven, bedeutet das »Liebe«, und tatsächlich war Loabi Menschen gegenüber immer freundlich und aufgeschlossen.

Genau wie wir Menschen auch, so haben Meeresschildkröten unterschiedliche Charaktere: Manche sind scheu und flüchten sofort, wenn ein Mensch ihnen zu nahe kommt, andere, so wie Loabi, sind proaktiv und sehr neugierig. Nie habe ich es jedoch erlebt, dass eine Meeresschildkröte mir gegenüber aggressiv wurde: Sie kümmern sich in der Regel um ihre eigenen Angelegenheiten und schwimmen Ärger oder Menschen (was leider oftmals das ein und dasselbe ist) aus dem Weg. Dennoch würde ich sie nicht bedrängen (auch Meeresschildkröten brauchen ihre Privatsphäre), denn ihr Schnabel mit den kräftigen Kiefern kann, wenn sie glauben, sich verteidigen zu müssen, durchaus feste zubeißen.

Doch leider gab es nicht nur schöne Momente mit den Tieren, sondern auch sehr traurige. Weltweit gibt es sieben Arten von Meeresschildkröten, und alle Bestände gelten entweder als gefährdet oder als stark bedroht. Obwohl sie unter Schutz stehen, werden sie immer noch allzu oft für ihr Fleisch gejagt, und auch ihre Eier werden eingesammelt. Diese wunderschönen Reptilien, die Dinosaurier und Eiszeiten überlebten, könnten bald verschwinden, wenn wir nicht handeln.

Meeresschildkröten leiden, wie viele andere Meerestiere, vor allem unter dem immer weiter ansteigenden Fischereidruck. Sie verfangen sich viel zu oft in Fischernetzen, wo sie, werden sie nicht gerettet, elendig verenden. Auch ich habe schon so manches Tier aus alten Fischernetzen befreit, und nicht jede dieser Rettungsaktionen ging für das Tier gut aus.

Glücklicherweise gibt es weltweit Spezialisten, die sich um das Wohl der verletzten Tiere kümmern, wovon ich mich in einem Krankenhaus für Meeresschildkröten selbst überzeugen konnte. Dort werden die Tiere wieder gesund gepflegt und später wieder ins Meer entlassen. Die Tiere aber, die aufgrund schwerer Verletzungen oder Erkrankungen in der Wildnis nicht überlebensfähig sind, finden zum Beispiel in Aquarien ein neues Zuhause.

Im Deutschen Meeresmuseum in Stralsund, also quasi vor unserer eigenen Haustür, leben seit vielen Jahren vier Meeresschildkröten. Die Tiere dort wurden zum Teil illegal nach Deutschland eingeführt und dürfen per deutscher Gesetzgebung nicht mehr in die Natur ausgewildert werden. Um mir ein Bild vom Verhalten von Meeresschildkröten in Gefangenschaft zu machen, durfte ich im Herbst 2020 hinter die Kulissen des Meeresmuseums schauen und die Tiere kennenlernen. Zwei Grüne Meeresschildkröten teilen sich ein 350 000 Liter Meerwasseraquarium mit einer Echten und einer Unechten Karettschildkröte. Alle Tiere sind weiblich und unterscheiden sich nicht nur in ihrem Äußeren voneinander, sondern haben ganz unterschiedliche Charaktere.

Auch wenn Meeresschildkröten auf den ersten Blick nicht gerade die ausdrucksstärksten Tiere in Bezug auf ihre Mimik sind, so lassen sich nach längerer Beobachtung durchaus Unterschiede in den Verhaltensweisen und Vorlieben der einzelnen Individuen feststellen. Im Meeresmuseum lebt unter anderem eine echte Diva, welche »die Alte« genannt wird. Wenn man sich eine klassische Diva vorstellt, dann sind das oft Künstler und Künstlerinnen auf zwei Beinen, die wir im Theater, Fernsehen oder im Kino bewundern können. Weniger denkt man dabei aber an jemanden mit lederartiger Haut, vier Flossen und einem Panzer.

Die Unechte Karettschildkröte mit den Starallüren schlüpfte vermutlich 1965 an einem Strand in Kuba, wurde von der damaligen Regierung aber kurz darauf dem Berliner Tierpark geschenkt und zog erst 1985 ins Stralsunder Meeresmuseum ein, wo sie seitdem die Chefin im Aquarium ist. In der Rangordnung an zweiter Stelle steht »Liv«, eine Echte Karettschildkröte, die 1988 illegal aus Asien nach Deutschland eingeführt wurde. Dort landete sie mit einer Fischsendung in einer Zoohandlung in der Nähe von Stuttgart und wurde von einem Azubi vor der Tötung durch den Chef gerettet und in einer Badewanne aufgezogen. Als das Tier zu groß für die heimische Badewanne wurde, zog »Liv« erst nach Stuttgart in die Wilhelma (einen zoologisch-botanischen Garten), bevor sie 1990 im Meeresmuseum ein Zuhause fand. Auch wenn »Liv« gegenüber den Tauchern, die regelmäßig das Becken reinigen, sehr zurückhaltend ist, so teilt sie gerne kräftig gegen die anderen Meeresschildkröten aus, wenn es ums Futter geht. Dann rempelt sie die anderen Tiere an oder zieht an deren Flossen. Genau wie bei Meeresschildkröten in der freien Wildbahn gibt es bei den Tieren im Aquarium auch futterneidisches Verhalten, wobei sich die Tiere im Becken aber nicht wirklich aus dem Weg schwimmen können.

In Aquarien lassen sich die Verhaltensweisen der Tiere zwar studieren, die Beobachtungen sind aber nicht zwingend auf das Verhalten in ihrem natürlichen Lebensraum übertragbar. Für mich persönlich gehören Tiere in die freie Wildbahn und nicht in Zoos oder Aquarien, welche aber bei der Fürsorge von nicht auswilderungsfähigen Tiere eine wichtige Rolle spielen können. Den Tieren im Meeresmuseum geht es dank der professionelle Pflege gut, und die Besucher*innen lernen viel über Meeresschildkröten und ihren natürlichen Lebensraum.

Auch wenn mir das Beobachten von Meeresschildkröten im Meer lieber ist, so hat nicht jeder das Glück, diese wunderschönen Tiere in freier Wildbahn bewundern zu können. Mit diesem Buch möchte ich Ihnen die Welt der Meeresschildkröten näherbringen und Sie zum Schutz der Tiere und ihrem Lebensraum motivieren. Vielleicht können wir gemeinsam so etwas zum Überleben dieser faszinierenden Reptilien beitragen. Folgen Sie den Nomaden der Ozeane auf ihren Reisen, und tauchen Sie mit mir ab – in die verborgene Welt der Meeresschildkröten.

Sieben Wanderer, fünf Ozeane

Meeresschildkröten gehören zu den am weitesten verbreiteten Lebewesen auf unserem Planeten; man findet sie weltweit in allen tropischen und subtropischen Meeren. Dort fühlen sie sich sowohl in den Küstenregionen als auch auf hoher See zu Hause. Insgesamt gibt es sieben Arten von Meeresschildkröten auf der Welt, von denen fünf global verbreitet sind und zwei nur regional im Golf von Mexiko und in Ozeanien vorkommen.

Doch wie kam es dazu, dass diese Tiere so erfolgreich die Meere bevölkern? Wie vieles im Laufe der Erdgeschichte liegt auch die Evolution der Meeresschildkröten noch weitgehend im Dunkeln, aber wie bei einem Puzzle finden Wissenschaftler*innen immer wieder fehlende Teile und setzen sie zu einem – wenn auch längst noch nicht vollständigen – Bild zusammen. So lernen wir Stück für Stück, wie es diese faszinierenden Tiere geschafft haben, unsere Ozeane schon so lange erfolgreich zu durchwandern.

Urzeitliche Vorfahren

Stellen Sie sich einmal vor, Sie würden in einem Meer schwimmen: in einer Welt, die es heute so nicht mehr gibt. Zugegeben, Sie würden wohl keine Stunde in diesem Meer vor 74 Millionen Jahren überleben, da es dort von einer Vielzahl an urzeitlichen Räubern nur so wimmelte. Dieses Flachmeer, der *Western Interior Seaway*, der in der mittleren und späten Kreidezeit (Beginn der Kreidezeit vor 145 Millionen Jahren und Ende vor 66 Millionen Jahren) große Teile des nordamerikanischen Kontinents bedeckte, war das Zuhause von *Archelon ischyros*, der größten Schildkrötenart, die nach heutigen Erkenntnissen je auf unserem Planeten gelebt hat. Für den Fall also, dass Sie eine Stunde in diesem urzeitlichen Meer überlebten, ständen die Chancen gut, dass *Archelon* an Ihnen vorbeischwimmen würde. Äußerlich würde dieses Tier Sie vielleicht an eine Lederschildkröte erinnern, jedoch in Größe und Gewicht vergleichbar mit einem klassischen VW Käfer. Die Tiere konnten nämlich von Kopf bis Schwanz eine stolze Länge von bis zu 4,5 Metern und bei ausgebreiteten Vorderflossen eine Breite von vier Metern erreichen. Zum Vergleich: Die größten heute lebenden Schildkröten, die Lederschildkröten, erreichen »nur« eine Panzerlänge von bis zu 2,7 Metern.

Die prähistorischen Schildkröten teilten sich das Meer mit sehr viel größeren, räuberischen Reptilien wie z.B. den bis zu 18 Meter langen Mosasauriern, mit Plesiosauriern und Ichtyo- bzw. Fischsauriern, denen die ein oder andere *Archelon ischyros* sicher zum Opfer gefallen ist. Ausgewachsenen Archelons war ihre immense Größe wahrscheinlich jedoch ein guter Schutz gegen die meisten Räuber, auch wenn sie keinen harten, durchgehenden Rückenpanzer besaßen. Ihre Rippen wurden von einer lederartigen Haut ähnlich der der Lederschildkröten bedeckt; lediglich der Brustbereich der Tiere, das sogenannte Plastron, bestand aus großen, sternförmigen Knochenplatten, die nur partiell miteinander verwachsen waren.

Wer sich von dem enormen Ausmaß von *Archelon ischyros* selber überzeugen möchte, kann das im Naturhistorischen Museum in Wien tun, denn dort wird das weltweit größte gefundene Exemplar ausgestellt. Das Tierskelett mit dem Namen »Brigitta« wurde in den 1970er-Jahren in South Dakota in den USA entdeckt. Damals noch eingeschlossen in einen riesigen Gesteinsblock von mehr als zwei mal vier Metern wurde es nach Wien gebracht und dort in zweijähriger mühevoller Arbeit freigelegt.

Fossilienfunde wie dieser sind für die Wissenschaft von enormer Wichtigkeit, da mit Hilfe dieser Versteinerungen Entwicklungen und Verwandtschaftsbeziehungen von Meeresschildkröten und anderen Organismen besser rekonstruiert werden können. Nach wie vor ist die frühe Evolution der Schildkröten ein umstrittenes Thema in der Wirbeltierpaläontologie*, und das Rätsel um die Entstehungsgeschichte der gepanzerten Reptilien ist immer noch nicht ganz gelöst. Daher wird jedes neu gefundene Fossil gefeiert wie ein Auftritt der Rolling Stones, da es Licht ins Dunkel der Schildkrötenevolution werfen kann.

Einen großen Knall in der Welt der Fossilien gab es im Herbst 2022, als eine neue Studie um den Paläontologen

---

* Zum besseren Verständnis: Die Paläontologie ist die Wissenschaft von den Lebewesen und Lebewelten der geologischen Vergangenheit.

Oscar Castillo-Visa von der Universität Barcelona erschien. Bei Grabungen im Nordosten Spaniens stießen die Paläontologen auf die versteinerten Knochen einer gigantischen Meeresschildkröte. Mit einer Länge von 3,74 Metern war *Leviathanochelys aenigmatica*, was so viel wie »rätselhafte Riesenschildkröte« bedeutet, fast so groß wie *Archelon*. Tatsächlich ist der Beckenknochen der neu entdeckten fossilen Meeresschildkröte sogar um wenige Zentimeter breiter als der von *Archelon*. Aufgrund spezifischer anatomischer Merkmale an der Vorderseite des Beckens gehört *Leviathanochelys* laut den Forschern zu einer neuen Gruppe ausgestorbener Meeresschildkröten. Diese lebten in der Oberkreide, also zwischen 83,6 und 72,1 Millionen Jahren, in etwa zur selben Zeit wie *Archelon*. Dieser sensationelle Fund belegt erstmals, dass riesige Meeresschildkröten nicht nur die urzeitlichen Meere Nordamerikas durchschwammen, sondern auch die Meere des heutigen Europa. Zudem deutet ihr Fund darauf hin, dass sich Gigantismus in der Evolution von Meeresschildkröten wahrscheinlich mehrmals unabhängig voneinander entwickelt hat, so die Forscher weiter.

Auch wenn *Archelon* und *Leviathanochelys* die größten Schildkröten sind, die jemals auf unserem Planeten gelebt haben, so sind sie bei Weitem nicht die *ältesten* Schildkröten, die bis jetzt gefunden wurden.

Die Geschichte aller Schildkröten beginnt eigentlich in einer Welt vor 260 Millionen Jahren im heutigen Südafrika, wo an den Ufern des alten Karoo-Meeres ein kleines Reptil namens *Eunotosaurus africanus* lebte. Dieses Wesen erinnerte äußerlich noch nicht an die Meeresschildkröten, wie wir sie heute kennen. Es hatte außergewöhnlich dicke, nach außen gebogene Rippen, die unter der Haut eine

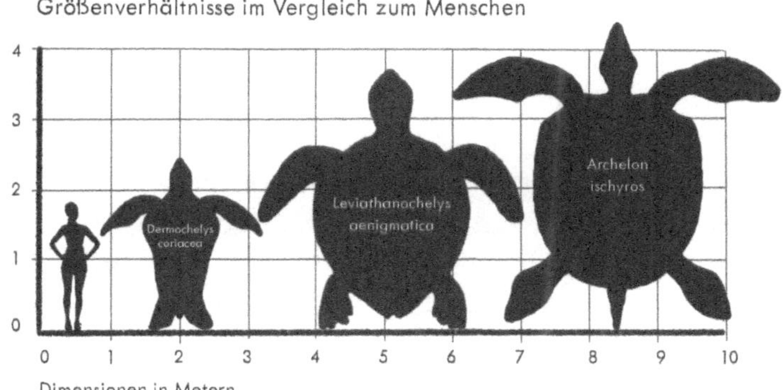

Panzerkuppel formten, was dem Tier ein rundliches Äußeres verlieh. Genau genommen kann man sich einfach einen kleinen Ball mit vier krallenbewehrten Klauen und einem langen Schwanz vorstellen. Dennoch: *Eunotosaurus africanus* gilt als der wahrscheinliche Vorfahre aller Land-, Meeres- und Sumpfschildkröten.

Lange dachte man, dass Schildkröten von den frühen, jetzt ausgestorbenen Reptilien abstammen. Im Jahr 2015 jedoch fand ein stärkeres Erdbeben in der Fachwelt der Paläontologen statt, welches diese Theorie nicht nur ins Wanken, sondern zum Stürzen brachte. In Deutschland, in der Nähe von Schwäbisch-Hall, wurde ein Schildkröten-Fossil entdeckt, das heute als Bindeglied zwischen den frühen Echsen und den Schildkröten gilt und ein neues Licht auf die Evolutionsgeschichte der gepanzerten Reptilien wirft. Das Fossil wurde bei Grabungen von dem Paläoherpetologen Prof. Dr. Rainer Schoch in einem Muschelkalksteinbruch im baden-württembergischen Vellberg entdeckt und gilt mit 240 Millionen Jahren als das älteste Schildkröten-Fossil der Welt. Damit sind Schildkröten in etwa so alt wie die Saurier, welche erstmals in der Trias, also zwischen 250 und 201,6 Millionen Jahren vor unserer Zeit auftraten.

Diese gefundene Ur-Schildkröte trägt den wissenschaftlichen Namen *Pappochelys rosinae*. Der Gattungsname *Pappochelys* setzt sich aus den beiden altgriechischen Wörter *pappos* (Großvater) und *chelys* (Schildkröte) zusammen, während der Artname *rosinae* eine Würdigung an Isabell Rosin, eine Präparatorin des Staatlichen Museums für Naturkunde in Stuttgart ist. Der Fund dieses 20 Zentimeter langen, echsenartigen Schildkröten-Urgroßvaters, welcher vermutlich an einem Süßwassersee lebte und sich wahrscheinlich bevorzugt im Wasser aufhielt, legt aufgrund spezieller anatomischer Merkmale eine nähere Verwandtschaft mit Echsen, Vögeln und Krokodilen nahe als mit den urtümlichen Sauriern.

Äußerlich hatte das (im geologischen Sinne) geriatrische Reptil jedoch nichts mit den heute lebenden Schildkröten gemeinsam. Mit seinem langen Schwanz, dafür ohne Rückenpanzer (dem charakteristischen Merkmal heutiger Schildkröten), erinnert das Tier eher an eine Echse. Zudem hatte es stark verbreiterte Rippenknochen und Extremitäten, die eher zum Graben als zum Schwimmen geeignet waren, sowie Zähne, die den modernen Schildkröten fehlen.

Die Merkmale jedoch, welche vor allem in der Fachwelt im Zentrum der Aufmerksamkeit stehen, sind die sogenannten Schädelfenster. Genauer noch, deren Anzahl im Wirbeltierschädel. Schädelfenster sind, einfach erklärt,

Pappochelys rosinae

Aussparungen hinter den Augenhöhlen, an denen die Kiefermuskulatur ansetzt. Die Forscher fanden in den Schädeln der *Pappochelys*-Fossilien Anlagen von zwei Schädelfenstern.

Löcher im Schädel zu haben – und dann gleich zwei Paar – klingt zugegebenermaßen eher nach Mord mit einer Schusswaffe als nach Wissenschaft, ist aber in der Evolutionsforschung ein Schlüsselmerkmal. Dieser sensationelle Fund löste zwar keinen Mordfall, aber sehr wohl eine jahrzehntelange Debatte um den Ursprung der Schildkröten aus und ist damit von besonders großer Bedeutung. Wirbeltiere, die also diese zwei Paar Schädelfenster haben, zählen zu den sogenannten Diapsiden, zu denen auch die modernen Kriechtiere wie z.B. Schlangen und Echsen gehören. Jahrzehntelang ging die Wissenschaft davon aus, dass Schildkröten diese Schädelfenster fehlten, da keine Fossilienfunde das Gegenteil bewiesen. Somit wurden sie zu den Anapsiden, also den urtümlichen Reptilien gezählt, welche keine Aussparungen in ihren Schädeln hatten. Der Fund von *Pappochelys* legte diesen Streit dann endlich zu den Akten.

Im Staatlichen Museum für Naturkunde Stuttgart, dem Museum am Löwentor, kann man die älteste Schildkröte der Welt sogar anschauen – auch wenn das kleine Fossil auf den ersten Blick keinen großen Eindruck macht (siehe Bildteil). Auf den zweiten allerdings schon, vor allem dann, wenn Prof. Dr. Schoch, der auch der Kurator des Museums ist, von seiner Arbeit und der Evolution der Schildkröten erzählt.

Ich hatte das große Glück, an einem Montag, dem Ruhetag des Museums, eine Privatführung von ihm zu bekommen. Allein durch ein so wunderschönes Museum gehen zu dürfen, zusammen mit einem Experten, der Geschichte so erzählen kann, dass sie quasi lebendig wird, ist schon ein ganz besonderes Erlebnis. Der Höhepunkt dieser Führung war für mich natürlich, das Original-Fossil von *Pappochelys* sehen zu können – wann hat man schon die Chance, ein 240 Millionen Jahre altes Schildkröten-Fossil anfassen zu dürfen? Um ehrlich zu sein, kam ich mir vor wie ein Kind im Bonbonladen, und ich habe mich wieder gefühlt wie mit vier Jahren – das Alter, in dem fast jedes Kind die wissenschaftlichen Namen von Dinosauriern fehlerfrei aussprechen kann. (Ich weiß das, weil meine Neffen in diesem Alter mit Dino-Fachbegriffen um sich geworfen haben, dass mir Hören und Sehen verging.)

Der Besucherbereich des Museums an sich ist schon beeindruckend, doch in den Katakomben unter dem Museum finden sich noch viel mehr Schätze. Tatsächlich besitzt das Museum mehr Original-Fossilien von Dinosauriern und Co., die in der Gegend gefunden wurden, als es Ausstellungsfläche gibt. Dieses Museum ist wirklich einen Besuch wert, für Groß und Klein!

Ein weiterer Fossilienfund, diesmal aus dem Südwesten Chinas, untermauerte die Ergebnisse der Forscher aus Baden-Württemberg. In der Fachzeitschrift *Nature* beschrieben Chun Li und Kollegen im Jahr 2018 eine 228 Millionen Jahre alte Schildkröte, die nur ein einziges Paar Schädelfenster besitzt. Die Entdeckung von *Eorhynchochelys sinensis* deutet aufgrund ihrer anatomischen Besonderheiten auf einen allmählichen Übergang von *Pappochelys* zu den modernen Schildkröten hin und füllt vermutlich die evolutionäre Lücke. Laut den Forschern lebte das fast zwei Meter lange Tier, das einen scheibenförmigen Körper und einen langen Schwanz besaß, wahrscheinlich in seichten Flussmündungsgebieten und grub im Schlamm nach Nahrung.

Natürlich sind die Schädelfenster nicht die einzigen Merkmale von Bedeutung. Unsere modernen Schildkröten haben mit ihrem Schnabel sowie Rückenpanzer (Carapax) und Bauchpanzer (Plastron) eine in der Tierwelt einzigartige Anatomie. Im Laufe der Schildkröten-Evolution mussten diese charakteristischen Merkmale aber erst einmal entstehen, und das geschah nach dem heutigen Stand der Wissenschaft nicht auf geradem Weg. Stattdessen bekamen einige Schildkrötenverwandte einen Teilpanzer, während sich bei anderen ein Schnabel entwickelte, und schließlich traten die genetischen Mutationen, die zu den schildkrötentypischen Merkmalen führten, bei ein und demselben Tier auf. In der Wissenschaft werden evolutionäre Veränderungen von Merkmalen in einem oder mehreren Körperteilen, aber ohne die gleichzeitigen Veränderungen anderer Körperteile, als »Mosaikevolution« bezeichnet. Ein weiterer Beweis der Mosaikevolution ist die uns schon bekannte *Eorhynchochelys sinensis*. Bei dieser panzerlosen Stammschildkröte handelt es sich um die älteste jemals gefundene Schildkröte mit einem (zahnlosen) Schnabel. Hier ist der Name auch Programm, denn er bedeutet so viel wie »Schnabelschildkröte«.

Die Frage, wie die Schildkröten im Laufe ihrer Entwicklungsgeschichte zu ihrem Panzer kamen, ist aber bis heute nicht abschließend geklärt und Gegenstand vieler fachlicher Dispute. Auch wenn man meinen sollte, dass mit dem heutigen Stand der Wissenschaft und den fortschrittlichen technischen Verfahren Ergebnisse in Lichtgeschwindigkeit ans Licht kommen, so ist der Erkenntnisgewinn eher vergleichbar mit der Laufgeschwindigkeit einer Landschildkröte. Der Rückenpanzer, der die Reptilien vor Feinden schützt, entwickelte sich wahrscheinlich aus einer graduellen Verbreiterung der Rippen, welche im Laufe der Evolution zu plattenartigen Strukturen verschmolzen. Das Plastron entstand aus verdickten und seitlich verzweigten Bauchrippen, Gastralia genannt. Diese verschmolzen später und entwickelten sich zum knöchernen Brustpanzer, den man schon bei *Pappochelys* in Ansätzen sehen kann.

Spulen wir nun etwas weiter vor in der Geschichte zu einem anderen Beispiel für die Mosaikevolution in Schildkröten. In den Ablagerungen des Küstenbereichs eines ehemaligen Meeres im heutigen China wurde das 220 Millionen Jahre alte Fossil einer Stammschildkröte gefunden, deren Schnabel entweder nicht ausgebildet oder fossil nicht nachweisbar war: *Odontochelys semitestacea* hatte bezahnte Ober- und Unterkiefer, von denen sich auch der Gattungsname ableitet, denn *odonto* bedeutet aus dem Griechischen hergeleitet »Zahn« und *chelys* »Schildkröte«. Das Tier hatte noch keinen Rückenpanzer, dafür aber verbreiterte Rippenknochen und ein schon voll ausgebildetes Plastron, welches auch der Namensgeber für den Artnamen *semitestacea* ist. *Semi* bedeutet »halb«, und *testaceus* bedeutet »gepanzert« – der Name des Tieres heißt übersetzt also so viel wie »bezahnte Schildkröte mit halbem Panzer«. Die Autoren dieser Studie folgerten, dass sich im Laufe der Evolution der Schildkröten der Bauch- vor dem Rückenpanzer entwickelt hat, was übrigens mit der Embryonalentwicklung der modernen Schildkröten übereinstimmt.

Wenn wir noch ein paar Millionen Jahre weiter vorspulen, dann treffen wir auf eine Stammschildkröte, die in ihrem Bauplan den heutigen Schildkröten sehr nahekommt. Vor 210 Millionen Jahren, in der Obertrias, lebte *Proganochelys*. Diese landlebende Schildkröte, deren Fossil man ebenfalls im Naturkundemuseum Stuttgart bewundern kann, hatte alles, was eine moderne Schildkröte ausmacht: einen voll entwickelten Rücken- und einen Brustpanzer sowie einen Schnabel ohne Zähne. *Proganochelys* lebte wahrscheinlich an Land oder semiterrestrisch an einem See. Ihr Panzer war ein guter Schutz gegen Räuber, welche sich die Schildkröte aber auch mit ihrem gepanzerten und stachelbewehrten Schwanz vom Leib hielt, den sie wie eine Keule schwingen konnte. Da *Proganochelys* ihren Kopf zum Schutz nicht einziehen oder zur Seite legen konnte, war der Hals ebenfalls mit Dornen ausgestattet. Im Naturkundemuseum Stuttgart ist der Lebensraum dieser Stammschildkröte mit der damaligen Begleitfauna und den vorkommenden Dinosauriern, wie den Plateosauriern, so detailgetreu und wissenschaftlich exakt nachgestellt, dass man förmlich die feuchte Hitze und das laue Lüftchen spürt, welches vor 210 Millionen Jahren wehte, wenn man durch die Ausstellung geht.

Auf dem Weg ins Wasser

Die Abspaltung zur rein marinen Lebensweise fand wahrscheinlich in der Kreidezeit statt, wo sich die Land- von den Meeresschildkröten trennten. Der Zeitpunkt der Entstehung rein marin lebender Schildkröten ist aber aufgrund der spärlichen Funde nur schwer zu bestimmen. Im

Jahr 2015 sorgte ein Fossilienfund aus Kolumbien für großes Aufsehen, denn *Desmatochelys padillai* gilt mit mindestens 120 Millionen Jahren als die älteste fossile Meeresschildkröte der Welt. Um das Alter des gefundenen Tieres zu bestimmen, untersuchten die Forscher die wirbellosen Tiere, Ammoniten genannt, die in den Felsen und im Sediment um die Schildkröte herum erhalten waren.

Ammoniten sind eine ausgestorbene Teilgruppe der Kopffüßer, zu denen zum Beispiel die heute lebenden Oktopusse und Kalmare gehören. Ammoniten, die äußerlich an Perlboote (Nautilidae) erinnern, waren in der Kreidezeit weitverbreitet und können daher helfen, um herauszufinden, wie alt das umgebende Gestein ist. Das in diesen Ablagerungen in Kolumbien gefundene, knapp zwei Meter lange Schildkröten-Fossil zeigt alle charakteristischen Merkmale moderner Meeresschildkröten: paddelartige Vorderflossen, ausgeprägten Rücken- und reduzierten Brustpanzer.

Anhand dieser verschiedenen morphologischen Merkmale wird eine Verwandtschaft der fossilen Meeresschildkröten mit den modernen bzw. echten Meeresschildkröten, also der Familie der Cheloniidae, diskutiert. Es ist aber auch möglich, so die Forscher, dass *Desmatochelys padillai* nicht mit den modernen Meeresschildkröten verwandt ist. Vielmehr deuten die Ergebnisse auch darauf hin, dass sich Schildkröten im Lauf der Geschichte mehr als einmal zu Meeresbewohner entwickelt haben könnten. Säugetiere beispielsweise entwickelten sich viele Male weiter, um zu Meerestieren wie Delfinen und Robben zu werden, und sie stammen von verschiedenen Vorfahren ab. Die Forscher halten es für wahrscheinlich, dass dies auch bei den Schildkröten der Fall war, die sich mehrmals aus verschiedenen Vorfahren entwickelten, um im Meer zu leben. Einige Meeresschildkröten entwickelten sich zu solchen wie *D. padillai*, während andere sich unabhängig davon zu den modernen Meeresschildkröten entwickelt haben könnten.

Ein paar Millionen Jahre später lebte *Ctenochelys acris*. Forscher*innen der University of Alabama at Birmingham (UAB) gehen davon aus, dass alle modernen Meeresschildkrötenarten von dieser Art abstammen. Sie lebte in den flachen, subtropischen Gewässern des *Western Interior Seaway*, die einst den größten Teil des heutigen Alabamas bedeckten. Durch die Datierung der Gesteinsformation, aus der diese Fossilien geborgen wurden, können die Wissenschaftler*innen rückschließen, dass *C. acris* vor mehr als 80 Millionen Jahren lebte, also in der späten Kreidezeit.

In dieser Zeit erreichte die Vielfalt der Meeresschildkröten ihren Höhepunkt; Meeresschildkröten gehörten zu den vielfältigsten Reptiliengattungen im Meer. Der leitende Wissenschaftler der Studie, Dr. Drew Gentry, verglich das Skelett von *C. acris* mit dem von ausgestorbenen und lebenden Schildkrötenarten und entdeckte, dass *C. acris* Merkmale sowohl von Meeresschildkröten als auch von ihren engsten lebenden Verwandten, den Schnappschildkröten, aufwies. Denn im Gegensatz zu den heute lebenden Meeresschildkröten mit Flossen hatte *Ctenochelys acris* große, kräftige Hinterbeine, mit denen sie sich durch das Wasser bewegen konnte, ähnlich wie die heutigen Schnappschildkröten. »Die Daten von *C. acris* zeigen uns nicht nur, dass Meeresschildkröten in der Lage sind, spezialisierte ozeanische Nischen zu besetzen, sondern auch, dass viele der Meeresschildkröten, die wir heute kennen, ihren evolutionären Anfang als etwas Ähnliches wie eine übergroße Schnappschildkröte in dem Gebiet genommen haben könnten, das sich später zu den südöstlichen Vereinigten Staaten entwickelte«, so der Wissenschaftler in einem Interview für die amerikanische Wissenschafts-Website *Science Daily*. »Die Klimaerwärmung in der mittleren Kreidezeit führte zu einem Anstieg des Meeresspiegels und der Temperaturen, was wiederum eine Fülle neuer Nischen für Meeresschildkröten zur Folge hatte«, führt er weiter aus. »Vor der Katastrophe, der die Dinosaurier zum Opfer fielen, gab es möglicherweise Dutzende von spezialisierten Schildkrötenarten, die in verschiedenen ozeanischen Lebensräumen auf der ganzen Welt lebten.«

Ein Glück für uns, dass Meeresschildkröten wahre Wunder der Evolution sind, denn im Gegensatz zu den Sauriern, mit denen sie sich die Meere teilten, überlebten sie das weltweite Massensterben am Ende der Kreidezeit. Dieses wurde vor rund 66 Millionen Jahren ausgelöst, vermutlich durch den Einschlag eines Asteroiden im Norden der mexikanischen Halbinsel Yucatán. Durch den Asteroideneinschlag veränderte sich das Klima auf der Erde. Dies hatte den Zusammenbruch von Nahrungsketten und das Aussterben vieler Tier- und Pflanzenarten zur Folge.

Bis heute gilt es jedoch nicht als gesichert, dass tatsächlich ein Asteroideneinschlag das Massensterben auslöste – es gibt mehrere Theorien. Manche Forscher*innen vermuten, mehrere Vulkanausbrüche hätten das Klima so stark verändert, dass viele Arten ausstarben. Vulkanausbruch oder Asteroideneinschlag, wichtig für uns ist, dass einige Meeresschildkröten dieses Massensterben überlebten und sich zu den heute noch lebenden Arten entwickeln konnten. Dabei ist Meeresschildkröte nicht gleich Meeresschildkröte, denn genauso wie wir Menschen haben die verschiedenen Arten nicht nur unterschiedliche Lebensräume und Nahrungsvorlieben, sondern sie unterscheiden sich auch in ihrem Äußeren.

Wie wir wissen, stammen alle heute lebenden Organismen von denen ab, die in der Vergangenheit gelebt haben. Um diese Beziehungen zu einem gemeinsamen Vorfahren und zueinander widerzuspiegeln, haben Biologen ein System geschaffen, das auch den Grad der Veränderung mit einbezieht, den diese Organismen innerhalb ihrer stammesgeschichtlichen Entwicklung durchlaufen haben. Die Rekonstruktion der Stammesgeschichte der Lebewesen wird als Phylogenie (altgriechisch *phýlon* = Stamm und *génesis* = Ursprung) bezeichnet und in Form von Stammbäumen dargestellt. Um das verwandtschaftliche Beziehungsgeflecht aller Lebewesen übersichtlicher zu gestalten, werden diese in ein Namenssystem eingeordnet, das die verwandtschaftlichen Beziehungen der Lebewesen und ihre hierarchische Gliederung widerspiegelt. Dieses Namenssystem wird Systematik genannt. Bei den modernen Meeresschildkröten zum Beispiel gehören sechs der sieben Arten zur Familie der Cheloniidae, also zu den Meeresschildkröten im engeren Sinne; die siebte Art gehört zur Familie der Dermochelyidae oder Lederschildkröten.

Dabei besteht eine Familie aus eng verwandten Gattungen. Innerhalb der Cheloniidae gibt es fünf Gattungen, wobei eine Gattung aus eng verwandten Arten besteht. Die Lederschildkröte hat nur eine einzige gegenwärtig lebende Gattung und wird zusammen mit den Meeresschildkröten in der Überfamilie Chelonioidea vereint. Um die Verwirrung zu vervollständigen, werden die Chelonioidea im Deutschen ebenfalls als *Meeresschildkröten* bezeichnet.

Um es nicht komplizierter zu machen als unbedingt nötig, bezeichne auch ich im Folgenden die Dermochelyidae und die Cheloniidae einfach als Meeresschildkröten. Die wissenschaftlichen Artnamen bestehen aus zwei Wörtern (Gattung & Art) und werden *kursiv* geschrieben. Welche Art zu welcher Familie gehört und welche Merkmale die einzelnen Arten auszeichnen, wird im Folgenden beschrieben.

Harte Schale, weicher Kern

Die Entwicklungsgeschichte der Meeresschildkröten ist für sich genommen schon sehr spannend, aber noch ungleich faszinierender ist die Biologie der rezenten Tiere, denn Meeresschildkröten sind nicht nur schön anzuschauen, sondern sie spielen eine wichtige Rolle für die Gesundheit der Ozeane. Hätten Sie gewusst, dass Lederschildkröten zu den Tieftauch-Extremsportlern gehören, dass Bastardschildkröten sich zu Eierlegepartys zu Tausenden am Strand verabreden, dass Unechte Karettschildkröten wie Passagierschiffe Organismen von A nach B transportieren oder dass Echte Karettschildkröten wie Architekten zur Ausbreitung von Korallenriffen, den Großstädten unter Wasser, beitragen? Dass Grüne Meeresschildkröten die Rolle von Gärtnern unter Wasser übernehmen oder dass

Meeresschildkröten im Allgemeinen ganzen Lebensgemeinschaften auf ihrem Panzer Schutz und so anderen Tieren Nahrung bieten? Nein? Dann wissen Sie es spätestens nach den folgenden Kapiteln.

Alle sieben Meeresschildkrötenarten gleichen sich zu großen Teilen in ihrer *Anatomie,* während es viele artspezifische Unterschiede in ihrer *Morphologie,* also ihrer äußeren Gestalt, gibt. Wie im vorherigen Kapitel schon angesprochen, ist der Körperbau von Meeresschildkröten perfekt an ihren Lebensraum angepasst, und sie unterscheiden sich morphologisch von ihren an Land lebenden Verwandten in vielerlei Hinsicht. Landschildkröten zeichnen sich durch einen stark abgerundeten Rückenpanzer, sowie Beine und Krallen zum Laufen und Graben aus. Der Rückenpanzer von Meeresschildkröten hingegen ist stark abgeflacht und stromlinienförmig, und ihre Extremitäten sind zu kräftigen Flossen umgewandelt.

Als Folge der Veränderungen ihres Panzers können Meeresschildkröten daher weder ihren Kopf noch ihre Beine bei Gefahr einziehen – im Gegensatz zu den an Land lebenden Arten.

Die Panzer und auch die Köpfe zeichnen noch eine Besonderheit aus, denn anhand der Anzahl der Schuppen, die Carapax, Plastron und Kopf bedecken, lassen sich die einzelnen Arten der Cheloniidae voneinander unterscheiden. Bei Lederschildkröten aber sind Kopf und Rückenpanzer nicht mit Schuppen, sondern mit einer dicken, lederartigen Haut bedeckt (siehe Bildteil).

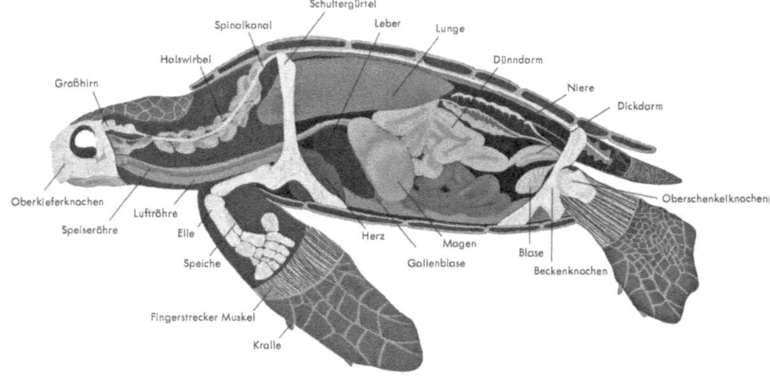

Innere Anatomie einer Meeresschildkröte

Regulierung des Salzhaushaltes

Eine weitere besondere Anpassung an den salzigen Lebensraum ist mit der Nahrungsaufnahme verbunden. Meeresschildkröten trinken Meerwasser zur Flüssigkeitszufuhr und nehmen zudem zusammen mit ihrer Nahrung viel Salz auf. Die Nieren der Tiere aber sind alleine nicht in der Lage, den Salzgehalt des Blutes zu regulieren und große Mengen überschüssiges Salz über den Urin auszuscheiden. Jeder von uns weiß, dass die Aufnahme großer Mengen Salzwasser auf Dauer zum Tod führen kann. Die Salzkonzentration im menschlichen Blut liegt bei etwa 0,9 Prozent, also neun Gramm Salz pro Liter Blut. Würden wir nun Meerwasser trinken, welches einen durchschnittlichen Salzgehalt von 3,5 Prozent hat, wäre das schädlich. Im besten Fall würden wir dehydrieren, im schlimmsten Fall würde es zu unserem Tod führen. Meeresschildkröten hingegen besitzen spezielle Drüsen in den Augenwinkeln, die sogenannten **Salzdrüsen**, welche mithelfen, den Salzgehalt im Blut der Tiere zu regulieren. Diese Drüsen sondern ständig eine konzentrierte schleimartige Flüssigkeit ab, die Salz in einer Konzentration enthält, die etwa doppelt so hoch ist wie bei dem umgebenden Meerwasser. Aber sie haben noch eine andere Funktion: Sie befeuchten mit den salzigen Tränen die Augen, wenn die Weibchen an Land ihre Eier legen. Das sieht dann so aus, als würden die Tiere weinen.

Doch nicht nur Nieren und Salzdrüsen regulieren den Salzgehalt im Körper der Meeresschildkröten, sondern es gibt noch einen anderen Mechanismus. Die Speiseröhre, auch Ösophagus genannt, hat einen sehr speziellen Aufbau, welcher, nun ja, an das Maul von einem Demogorgon aus *Stranger Things*, einer US-amerikanische Science-Fiction-Serie, erinnert. Die Ösophagusschleimhaut der Tiere ist nämlich mit spitz zulaufenden, ungefähr zweieinhalb Zentimeter langen verhornten Papillen überzogen. Fressen die Tiere nun Quallen oder andere Nahrung, wird das mit aufgenommene Salzwasser durch Kontraktionen der Muskeln, welche um die Speiseröhre liegen, wieder herausgepresst. Die Papillen, die mit ihren Spitzen zum Magen hin ausgerichtet sind, halten dabei die aufgenommene Nahrung zurück. Dieser ausgeklügelte Mechanismus wird den Tieren leider jedoch allzu oft zum Verhängnis, denn wenn sie Plastikmüll und Angelleinen verschlucken, können diese nicht mehr ausgespien werden. Doch mehr dazu in späteren Kapiteln.

Bleibt die Frage, wie die Tiere ihre Nahrung aufnehmen und zerkleinern – schließlich haben sie ja keine Zähne. Tatsächlich übernehmen die starken Kiefer und die Schnäbel der Tiere die Aufgabe von Zähnen. Die Form der Schnäbel variiert je nachdem, ob die Tiere Fleisch-, Alles-

oder Pflanzenfresser sind. Die einzige Art, die so etwas wie Zähne besitzt, ist die Grüne Meeresschildkröte. Die Kiefer dieser vorwiegend vegetarisch lebenden Art haben gezackte Rillen an den Innenseiten, mit denen sie Seegras und Algen abweiden und zerkleinern können.

Sehen, Riechen und Hören unter Wasser

Um in ihrer Meeresumwelt zu überleben, helfen den Tieren ihre **Sinne**. Meeresschildkröten verbringen die meiste Zeit ihres Lebens unter Wasser, aber sie kommen an die Wasseroberfläche, um zu atmen und an Land, um zu nisten sowie zu schlüpfen. Das heißt, die Tiere müssen in der Lage sein, sich sowohl über als auch unter Wasser räumlich zu orientieren. Ihre Augen ermöglichen den Tieren das **Sehen** in beiden Lebensräumen.

Tauchen wir Menschen mit geöffneten Augen in Wasser, so sehen wir unsere Umgebung verschwommen, denn unsere Augen sind nur an das Sehen an der Luft angepasst. Fällt Licht über die gekrümmte Hornhaut ins Auge ein, so wird es von der Linse so gebrochen, dass das Gesehene direkt auf unserer Netzhaut abgebildet wird. Von dort aus wird dann ein scharfes Bild an unser Gehirn übermittelt. Wasser hat jedoch eine höhere Dichte als Luft, und das heißt, dass Licht auf der Wasseroberfläche stärker gebrochen wird als in der Luft. Infolgedessen findet eine geringere Lichtbrechung beim Übergang vom Wasser zur Hornhaut statt – die Brechkraft unseres Auges ist deshalb herabgesetzt. Das Licht wird erst an einem Punkt hinter der Netzhaut gebündelt, wir können nicht fokussieren und sehen daher unter Wasser unscharf.

Fische haben übrigens auch eine Hornhaut, die aber lediglich dazu dient, das Auge zu schützen: Die gesamte Brechkraft eines Fischauges ist in der Linse enthalten. Die Augen von Meeresschildkröten sind quasi eine Kombination aus Fisch- und Menschenauge: Sie haben eine abgeflachte Hornhaut und eine kugelförmige Linse, die an ihre überwiegend aquatische Lebensweise angepasst ist. Das heißt, dass sie über Wasser etwas kurzsichtig sind, unter Wasser aber perfekt sehen können.

Meeresschildkröten halten sich sowohl nahe der Wasseroberfläche als auch in großen Tiefen auf, und das bedeutet, dass die Sichtverhältnisse sich nicht nur bei Tag und Nacht ändern, sondern auch mit zunehmender Tiefe. Die Tiere suchen in der Regel tagsüber nach Nahrung, aber die verschiedenen Arten fressen in unterschiedlichen Wassertiefen. Und je größer die Tiefe, desto schwächer das Licht. Im Wasser wird langwelliges Licht am stärksten absorbiert (verschluckt), während kurzwelliges Licht bei klarem Wasser noch bis in Tiefen von 100 bis 150 Metern reicht. Die langen Wellenlängen des Lichtspektrums – infrarot, rot, orange und gelb – können jeweils etwa 10, 15, 30 bzw. 50 Meter durchdringen; die kurzen Wellenlängen des Lichtspektrums – grün, violett und blau – dringen weiter vor bis an die unteren Grenzen der lichtdurchfluteten Zone. Blau dringt am tiefsten ein, weshalb tiefes, klares Meerwasser und einige tropische Gewässer die meiste Zeit blau erscheinen.

Zwar sind alle Meeresschildkrötenarten empfindlich gegenüber dem Lichtspektrum, das nahe der Wasseroberfläche vorherrscht, aber das Sehvermögen der einzelnen Arten ist auch auf die jeweiligen Fress- bzw. Lebensgewohnheiten abgestimmt. Grüne Meeresschildkröten zum

Beispiel ernähren sich vor allem von Seegras und Algen. Da Pflanzen Licht zur Fotosynthese brauchen, müssen sich diese in flachem Wasser ansiedeln, denn nur dort bekommen sie genügend Licht. Infolgedessen halten sich Grüne Meeresschildkröten vorwiegend in geringen Tiefen auf, und ihre Augen sind am empfindlichsten gegenüber dem dort vorherrschenden Lichtspektrum. Lederschildkröten hingegen jagen in großen Tiefen nach ihrer Nahrung, und ihre Augen sind am empfindlichsten für bläuliches Licht. Meeresschildkröten sind sogar in der Lage, UV-Licht mit Wellenlängen zwischen 300 und 370 Nanometern wahrzunehmen. Das heißt, sie sehen Farben, die wir uns nicht einmal ansatzweise vorstellen können! Die menschliche Farbwahrnehmung fällt etwas bescheidener aus, denn der für uns wahrnehmbare Bereich liegt bei den meisten zwischen Wellenlängen von 380 (violett) und 780 (rot) Nanometern.

Neben den abnehmenden Lichtverhältnissen in tiefer werdendem Wasser kann es durch aufgewirbeltes Sediment oder Plankton auch so trüb sein, dass eine Schildkröte ihre Flossen nicht mehr vor den Augen sieht. Ein knurrender Magen jedoch nimmt keine Rücksicht auf eine eingeschränkte Sicht. Wie also lokalisieren die Tiere ihre Beute? Tatsächlich besitzen Meeresschildkröten einen exzellenten **Geruchssinn**, der sie zielsicher zu ihrer Beute führt! Dieser spielt jedoch nicht nur in der Nahrungssuche eine Rolle, sondern auch bei ihrer Orientierung, doch dazu mehr im Kapitel »Der Nase nach«.

So wie bei uns Menschen auch, hat die Nase der Tiere zwei Hauptfunktionen: Atmung und Geruchssinn. Die Schildkrötennase öffnet sich durch die äußeren Nasenlöcher, die gut sichtbar oberhalb des Schnabels sitzen, zur Außenwelt und durch innere Öffnungen am hinteren Ende zum Gaumen. Das Innere der Nasenhöhle ist in zwei Bereiche aufgeteilt, welche beide für das Riechen zuständig sind. Etwa drei Viertel der Nasenhöhle sind von speziellen Sinneszellen, dem sogenannten Jacobson-Organ (auch: Vomeronasales Organ), ausgekleidet. Indem Meeresschildkröten Wasser in die Nase hinein und wieder hinaus pumpen, können sie mithilfe dieses Organs unter Wasser befindliche Geruchsstoffe wahrnehmen. Doch damit nicht genug: Unechte Karettschildkröten (*Caretta caretta*) und Grüne Meeresschildkröten zum Beispiel können auch über Wasser riechen.

Leider wird den Tieren ihr guter Geruchssinn auch allzu oft zur tödlichen Falle, denn sie verwechseln den Geruch von Plastikmüll mit dem ihrer natürlichen Nahrung. Eine neue Studie von Forschern der University of Florida belegt, dass Kunststoffmüll für Meeresschildkröten unwiderstehlich riecht. Denn schwimmt dieser Müll im Meer, wird er mit der Zeit von (Mikro-)Organismen, Pflanzen und Algen besiedelt, was als *Biofouling* bezeichnet wird. Dieser Bewuchs sondert ein Gas ab: das Dimethylsulfid (DMS), das in der Natur auch von Phytoplankton produziert wird, vor allem von kleinen, einzelligen Algen, welche die Basis des marinen Nahrungsnetzes stellen.* Dieses Gas zieht die Fressfeinde der Mikroalgen magisch an.

---

* Doch nicht nur die Meeresfauna profitiert vom Phytoplankton, sondern auch wir, denn, diesen 0,001 bis 1 Millimeter großen pflanzliche Organismen verdanken wir mehr als die Hälfte des globalen Sauerstoffs. Das heißt, egal, wo wir uns gerade befinden, ob in der Wüste, auf dem Mount Everest oder am Meer, wir atmen Meeresluft!

Wird DMS nun aber von den auf dem Plastikmüll lebenden Organismen ausgesandt, riecht es für Meeresschildkröten nach Nahrung und wird gefressen. Diese olfaktorische Duftfalle wird auch anderen Tieren oft zum tödlichen Verhängnis, z.B. Vögeln. Manche Arten, wie zum Beispiel Albatrosse, haben ebenfalls einen hervorragenden Geruchssinn, den sie zur Jagd einsetzen. Vom Duft des Gases angezogen, verwechseln die Seevögel das umhertreibende Plastik mit ihrer natürlichen Nahrung, und so sterben jährlich etwa eine Million Seevögel an Mägen voller Plastikmüll.

Die Sinne der Meeresschildkröten sind jedoch nicht nur auf das Sehen und Riechen beschränkt, sondern sie können auch **hören**, jedoch mit deutlichen Unterschieden unter und über Wasser. Die Ohren von Meeresschildkröten sind viel kleiner als unsere und außen am Kopf nicht sichtbar, da sie von einer dicken Haut überzogen sind. Außerdem besitzen sie nur ein Gehörknöchelchen, Columella oder auch Säulchen genannt.

Zur Erinnerung: Wir Menschen haben drei Gehörknöchelchen (Hammer, Amboss und Steigbügel), welche im Mittelohr liegen und den Schall vom Trommelfell über das Mittel- zum Innenohr weiterleiten. Im Ohr von Meeresschildkröten hingegen ist das Trommelfell nur eine Fortsetzung der Schädelhaut. Hier wird der Schall durch das Trommelfell und eine darunter liegende Fettschicht zur Columella und dann zum Innenohr geleitet. Wissenschaftler*innen vermuten, dass diese Schicht ähnlich wirkt wie das Fettgewebe von Zahnwalen (u.a. Delfine, Pottwale und Orcas), welches niederfrequente Töne in das Innenohr leitet.

Die dicke Haut, die das Ohr bedeckt, und die Fettschicht erschweren es den Tieren, außerhalb des Wassers gut zu hören, sorgen aber für eine gute Weiterleitung des Schalls unter Wasser zu Mittel- und Innenohr. Mehrere Studien haben gezeigt, dass Meeresschildkröten Spezialisten für niedrige Frequenzen, also tiefe Töne wie zum Beispiel das Geräusch von Wellenschlag oder Schiffsmotoren, sind. Grüne Meeresschildkröten zum Beispiel sind am empfindlichen für Geräusche in einem Frequenzbereich zwischen 200 und 700 Hertz, während Unechte Karettschildkröten am besten in einem Bereich zwischen 250 und 1000 Hertz hören. Der Schall kann jedoch auch direkt durch die Knochen des Kopfes, der Wirbelsäule und des Panzers zum Innenohr geleitet werden, sodass Meeresschildkröten auch an Land Vibrationen wahrnehmen können.

Der Bereich, in dem die meisten Menschen hören, ist dagegen etwas breiter gefächert und liegt bei Menschen mit normalem Hörvermögen in einem Bereich von 20 bis 20 000 Hertz. Die Maßeinheit »Hertz« bezeichnet die Anzahl der Schwingungen (Frequenz) eines Tons pro Sekunde. Je höher die Frequenz, desto höher der Ton.

Wahrscheinlich nutzen Meeresschildkröten Geräusche zur Navigation, zum Auffinden von Beutetieren, zum Vermeiden von Raubtieren und zur allgemeinen Wahrnehmung der Umwelt. Das jedoch wird durch den stetig zunehmenden Lärm erschwert, den Menschen durch Aktivitäten wie den Schiffsverkehr, Bohrungen, Sprengungen und sogar Baulärm verursachen. Ob und wie genau sich dieser Lärm unter Wasser auf Meeresschildkröten auswirkt, muss noch weiter erforscht werden. Von anderen Arten weiß man, dass der von Menschen verursachte Lärm im Meer zum Verlust des Hörvermögens und Stress sowie dem Verlassen ihres bevorzugten Lebensraumes und Desorientierung und dem Abweichen von ihren gewohnten Wanderrouten führen kann.

Kommunikation

Über eine Art der nonverbalen Kommunikation habe ich ja schon geschrieben: Wenn Meeresschildkröten alleine gelassen werden wollen oder futterneidisch sind, beißen sie auch gerne einmal zu oder rempeln sich mit ihren Flossen beiseite. Zudem nutzen sie Körpersprache, um ihre Paarungsbereitschaft zu signalisieren. Dass Meeresschildkröten aber auch verbal miteinander kommunizieren – und das quasi schon im Ei – wissen die wenigsten. Wenn man an gesprächige Tiere denkt, fallen einem möglicherweise sofort Vögel, Hunde, Wale und Delfine ein – Schildkröten hingegen kommen einem eher nicht in den Sinn. Aber auch die gepanzerten Echsen verfügen über ein erstaunliches Repertoire an Lauten zur Kommunikation. Viele Jahre lang ging die Wissenschaft davon aus, dass nur wenige Schildkrötenarten Laute zur Kommunikation nutzen. Mittlerweile weiß man es besser.

Studien haben gezeigt, dass Jungtiere von Meeresschildkröten und anderen Schildkrötenarten schon in den Eiern, bevor sie schlüpfen, Geräusche von sich geben. Es wird angenommen, dass das Klicken, Zirpen, Gackern und Grunzen zur Verständigung untereinander dient, um ihr Schlüpfen zu synchronisieren. Von im Amazonasbecken lebenden Süßwasserschildkröten, den Arrau-Schienenschildkröten (*Podocnemis expansa*), ist bekannt, dass sie mithilfe verschiedener Töne kommunizieren. So sind die Flussschildkröten in der Lage, ihr Sozialverhalten zu synchronisieren, zum Beispiel bei der gemeinsamen Nistplatzsuche. Auch die Jungtiere geben sowohl vor dem Schlüpfen als auch danach Laute von sich. Ersteres, so vermuten die Wissenschaftler*innen, um sicherzustellen, dass sie gleichzeitig schlüpfen. Auf die Rufe der Jungtiere nach dem Schlüpfen reagieren dann die Weibchen, und das brasilianische Forscherteam nimmt an, dass die Laute möglicherweise dazu dienen, die Jungen zum Wasser zu leiten. Die Wissenschaftler*innen glauben, dass alle Schildkrötenarten zu Lautäußerungen in der Lage sind. Zudem sei dies der erste Beweis für die elterliche Fürsorge nach dem Schlüpfen bei einer Schildkrötenart, so die Forscher*innen der Studie weiter.

Eine neue Studie aus dem Jahr 2022, erschienen im Fachmagazin *Nature Communications*, zeigt, dass alle der 50 untersuchten Schildkrötenarten Laute zur Kommunikation nutzen – darunter auch alle sieben Meeresschildkrötenarten. Ein internationales Forscherteam um den Erstautoren Gabriel Jorgewich-Cohen, von dem Paläontologischen Institut und Museum der Universität Zürich, untersuchte zwei Jahre lang, mithilfe von Ton- und Videogeräten, 53 Arten von in Gefangenschaft lebenden Wirbeltieren, mit dem Ziel, den evolutionären Ursprung der Kommunikation zu ermitteln. Neben den 50 Schildkröten wurde auch die Lautbildung bei drei anderen Wirbeltierarten, einer Brückenechse (ein neuseeländischen Reptil), einer Schwimmwühle (ein beinloses Amphibium) und einem luftatmenden Süßwasserfisch (ein südamerikanischer Lungenfisch) untersucht. Die Ergebnisse legen nahe, so die Autoren, dass alle Wirbeltiere, die durch die Nase atmen und sich mithilfe von Tönen verständigen, von einem einzigen Vorfahren vor 400 Millionen Jahren abstammen.

Die Tatsache, dass alle Meeresschildkrötenarten Töne von sich geben und vermutlich auch zur Kommunikation nutzen, sollte Anlass für weitere Studien sein, die Zusammenhänge von Kommunikation, Ökologie und Verhalten der Tiere näher zu beleuchten. Bleiben wir also gespannt auf zukünftige Ergebnisse und Einblicke in das verbale Miteinander von Meeresschildkröten.

Wärmehaushalt und Tauchen

Um an ihre Nahrung zu gelangen, müssen Meeresschildkröten in der Regel abtauchen. Ein **tauchendes** Reptil allein ist schon bemerkenswert, da Reptilien zu den wechselwarmen Tieren gehören, also keine konstante Körpertemperatur aufweisen: Ihre Körpertemperatur entspricht in etwa der Umgebungstemperatur. Zu den wechselwarmen Lebewesen gehören aber nicht nur Reptilien, sondern alle Tiere außer den Vögeln und Säugetieren, welche gleichwarm (homiotherm) sind. Während die an Land lebenden Reptilien bei kühleren Temperaturen aber in eine Kältestarre fallen, bei der die Lebensfunktionen auf ein Minimum heruntergefahren werden, sind Meeresschildkröten in der Lage, ihre Körperfunktionen aufrechtzuerhalten, wenn sie in kühlere Wassertiefen abtauchen.

Fällt die Wassertemperatur jedoch über einen längeren Zeitraum auf 10 °C und kälter, bekommen auch Meeresschildkröten Probleme. Sie fallen dann ebenfalls in eine Starre und treiben hilflos an der Wasseroberfläche, was für die Tiere lebensgefährlich sein kann. Dort sind sie nämlich den kalten Lufttemperaturen ausgesetzt – ein Teufelskreis entsteht. Die sinkende Herzfrequenz macht die Tiere lethargisch, was zu einem Schock, einer Lungenentzündung, Erfrierungen und als Folge zum Tod führen kann. Betäubte Meeresschildkröten sind auch eine leichte Beute für Raubtiere.

Von solchen Kälteeinbrüchen können auf einen Schlag Hunderte oder sogar Tausende von Meeresschildkröten betroffen sein. Kältestarre Meeresschildkröten benötigen oft die Hilfe von Menschen, um sich zu erholen. Die Tiere werden dann entweder in wärmere Gewässer gebracht oder an Land gepflegt, bis sie wieder ins Meer entlassen werden können. Im Februar 2021 fand Berichten zufolge die größte Meeresschildkrötenrettung in der Geschichte statt, als vor der Küste des US-Bundesstaats Texas über zwölftausend kältestarre Tiere aus dem Wasser geborgen und an Land gebracht wurden. Leider überlebte nur ein Drittel der gefundenen Tiere die Kältestarre.

Sieht man aber von solchen Kälteeinbrüchen ab, regulieren die Tiere ihre Körpertemperatur über das Sonnenbaden an der Wasseroberfläche und sogar manchmal an Land; ansonsten halten sie sich überwiegend in den wärmeren Gewässern der Tropen und Subtropen auf. Einzig Lederschildkröten bilden eine Ausnahme, doch dazu später mehr.

Es ist schon außergewöhnlich, dass Meeresschildkröten, deren Zeit unter Wasser durch regelmäßiges Luftholen an der Wasseroberfläche begrenzt ist, Tauch- und Wanderungsrekorde aufstellen. Zusammen mit den Cuvier-Schnabelwalen, welche von der Wasseroberfläche mehr als 2990 Meter tief tauchen können, gehören Meeresschildkröten nämlich zu den Tieftauchchampions im Tierreich. Die *durchschnittliche* Tauchtiefe der meisten Meeresschildkrötenarten liegt zwischen zwei und 54 Metern, die der Lederschildkröten bei 150 Metern. Doch Lederschildkröten können mehr als 1200 Meter tief tauchen! Dabei steuern Meeresschildkröten, ähnlich wie tauchende Säugetiere, den Gasaustausch und die Dekompression durch physiologische und anatomische Anpassungen sowie durch angepasstes Verhalten.

Manch ein Taucher mag sich jetzt fragen, ob Meeresschildkröten, wenn sie so tief tauchen und dabei länger unter Wasser bleiben bzw. rascher auftauchen, nicht auch an der sogenannten Taucherkrankheit oder Dekompressionskrankheit erkranken können. Die Antwort ist: Ja, sie können! Die **Taucherkrankheit** entsteht bei zu schnellen Druckänderungen durch zu rasches Auftauchen. Wenn der Druck beim Abtauchen ansteigt, löst sich der Stickstoff im Blut und in den Geweben des Körpers. Erfolgt der Aufstieg zu schnell, bildet das Gas Blasen, die sich auf alles auswirken, von den Gelenken und der Haut bis hin zu Herz und Gehirn. Sie können sogar zum Tod führen. Der Aufstieg nach einem Tauchgang ist daher immer mit Risiken behaftet, da die Möglichkeit einer Dekompressionskrankheit besteht, wenn ein Taucher die Gase in seinem Körper nicht ausgleichen kann, indem er sogenannte Dekompressionsstopps einlegt. Diese Stopps geschehen in der Regel in Stufen, bei denen der Taucher schrittweise die Stickstoffsättigung im Körper unter den kritischen Wert reduziert.

Doch zurück zu den Meeresschildkröten. Erst im Jahr 2014 konnte eine Studie bestätigen, dass auch Meeresschildkröten unter der Dekompressionskrankheit leiden können. Ein paar Jahre später, im Jahr 2020, erschien eine

Studie in der wissenschaftlichen Fachzeitschrift *Science*. Sie zeigte, dass alle untersuchten Meeresschildkröten, die als Beifang in den Schleppnetzen von Schiffen für die Hochseefischerei landeten, Gasembolien aufwiesen. Bei allen gefangenen Tieren verschlimmerten sich die Symptome innerhalb von zwei Stunden, und zwar unabhängig davon, in welcher Jahreszeit bzw. Wassertemperatur und Tiefe (18 bis 85 Meter) die Tiere gefangen und an Bord geholt wurden. Leider verstarben 43 Prozent der Tiere direkt an Bord, während die noch aktiven Tiere, mit Satelliten ausgestattet, zurück ins Meer entlassen wurden. Innerhalb der ersten sechs Tage verstarben jedoch auch hier noch 20 Prozent der Tiere.

Auf der Grundlage dieser Ergebnisse wurden daher eine Reihe von Empfehlungen für Trawler herausgegeben, die vier oder mehr Stunden im Einsatz sind. Die wichtigste dieser Empfehlungen ist, alle gefangenen Schildkröten als von Gasembolie betroffen zu betrachten und aktive Tiere so schnell wie möglich wieder ins Wasser zu setzen, anstatt sie an Bord zu lassen.

Berührungsempfindliche Panzer

Meeresschildkröten reagieren auch auf Berührungen, was wahrscheinlich nicht allzu überraschend ist. Erstaunlich ist aber, dass die Tiere in der Lage sind, Berührungen auch an ihrem Panzer zu fühlen! Entlang des Panzers verlaufen nämlich eine Reihe dünner Nerven, welche **Druckveränderungen** erkennen. Die Tiere, die ich auf den Malediven in Kurzzeitpflege hatte, waren immer ganz angetan von der Reinigung ihres Panzers mit einer Zahnbürste.

Während wir die Tiere von Seepocken befreiten, hielten sie ganz still und schienen die Prozedur sichtlich zu genießen. Auch die einjährige Pepita, eine kleine Patientin in der Meeresschildkröten-Auffangstation über die ich im Kapitel »Pepita – eine Meeresschildkröte mit Arthritis« schreibe, liebte es, sich von dem Wasserstrahl in ihrem Becken den Panzer massieren zu lassen (siehe Bildteil). Da die Nerven aber keine Schmerzrezeptoren enthalten, gehen Wissenschaftler*innen davon aus, dass Meeresschildkröten keine Schmerzen empfinden, wenn sie am Panzer berührt werden. Wenn Ihnen das nächste Mal aber eine Meeresschildkröte über den Weg schwimmt, bitte das Tier nicht anfassen, auch wenn es Ihnen vielleicht in den Fingern juckt, weil sie unbedingt sehen möchten, wie das Tier auf ihre Berührung reagiert. Erstens ist es illegal, die Tiere anzufassen, wenn nicht unbedingt notwendig, und zweitens würden Sie das Tier unnötigem Stress aussetzen. Denn im Gegensatz zu Tieren in Gefangenschaft oder in Pflege sind wild lebende Tiere es nicht gewohnt, von Menschen angefasst zu werden. Möchten Sie sich aber selber davon überzeugen, dass Meeresschildkröten sich gerne den Panzer und den Rest des Körpers reinigen, kraulen und massieren lassen, empfehle ich Ihnen einen Ausflug in das Meeresmuseum Stralsund. Dort leben vier Meeresschildkröten, die nicht mehr ausgewildert werden dürfen. Die zwei Unechten Karettschildkröten »Morla« und »Alte« sowie die Suppenschildkröten »Stralsunder« und »Frieda« und die einzige Echte Karettschildkröte »Liv« sind definitiv einen Besuch wert. Gerade »Frieda« und die »Stralsunder« lieben es, vom Personal am Hals gekrault und am Panzer geschrubbt zu werden. Die »Stralsunder« wird sogar richtig aufdringlich, wenn Taucher im Becken sind, um das Becken zu reinigen, und gibt nicht eher Ruhe, bis sie ihren Willen bekommt und ausgiebig gekrault wird. Die »Alte« hingegen muss, wenn sie schlechte Laune hat, mit einem Stab mit gelber Kugel am Ende auf Abstand gehalten werden. Sie kann sehr streitlustig sein und in die Kugel beißen. Hat sie aber gute Laune, lässt auch sie sich gerne kraulen, haben mir die Mitarbeiter*innen verraten. Die einzige Schildkröte, die lieber ihre Ruhe hat, ist »Liv«. Sie merken, auch Meeresschildkröten haben sehr unterschiedliche Vorlieben und Charaktereigenschaften, und natürlich unterscheiden sich die einzelnen Arten ebenfalls voneinander.

Von Teilzeitvegetariern und Tieftauchchampions

Der Grund, warum wir heute vieles über Meeresschildkröten wissen, verdanken wir dem US-amerikanischen Zoologen und Naturschützer Archie Carr. Der »Vater der Schildkrötenforschung«, wie er auch genannt wird, galt seinerzeit als die weltweit führende Autorität auf dem Gebiet der Meeresschildkröten. Archie Carr wurde 1909 in Mobile im US-Bundesstaat Alabama geboren und promovierte 1937 in Zoologie an der University of Florida, wo er auch die meiste Zeit seines Lebens lehrte. Früh in seiner Karriere stieß er in Mittelamerika auf Grüne Meeresschildkröten und verschrieb sich fortan der Erforschung und dem Schutz dieser Tiere. Mit seiner bahnbrechenden Arbeit legte er den Grundstein für die Forschung aller folgenden Generationen von Wissenschaftler*innen und Meeresschildkröten-Schützer*innen. Bis zu seinem Tod im Jahr 1987 veröffentlichte er mehr als 120 wissenschaftliche Abhandlungen sowie elf populärwissenschaftliche Bücher, die für ihre anschauliche Darstellung der Natur zahlreiche Preise gewannen.

Grüne Meeresschildkröten – die Teilzeitvegetarier

Die bisher wohl am längsten und mit am besten untersuchte Art ist die Grüne Meeresschildkröte (*Chelonia mydas*), auch Suppenschildkröte genannt – was nicht zuletzt Archie Carr zu verdanken ist. Zu ihrem populären Namen kam die Art, da sie leider in vielen Kochtöpfen landete und in manchen Ländern noch bis heute landet – offenbar ergeben ihr Fett und ihre Muskeln sehr leckere Suppen bzw. Steaks. Doch dazu mehr im Kapitel »Begehrte Delikatessen«. Der Name Grüne Meeresschildkröte bezieht sich übrigens nicht auf die Farbe des Rückenpanzers, wie viele annehmen, sondern auf das grünliche Fett zwischen Panzer und den inneren Organen, welches auf die fast vegetarische Ernährung der Tiere zurückzuführen ist.

Während die Jungtiere oben schwarz und unten weiß sind, haben die Panzer der erwachsenen Tiere verschiedene Schattierungen von braun-gelb über olivfarben bis schwarz mit einem in der Regel sternförmigen Muster. Aufgrund der großen und auch regionalen Variabilität der Farbgebung ihres Rückenpanzers wird bis heute darüber diskutiert, ob es nicht mehrere Unterarten gibt. Und womöglich beobachten wir gerade Evolution in Aktion: die Bildung neuer Arten!

Wie schon erwähnt, lassen sich die einzelnen Arten durch die Zahl ihrer Schuppen, im Deutschen auch »Schilder« genannt, an Kopf und Panzer unterscheiden. Grüne Meeresschildkröten zeichnen sich am Kopf durch nur ein Paar Vorderstirnschilder aus, die oberhalb des Schnabels zwischen den Augen liegen. Am Rückenpanzer finden sich vier große seitliche Schuppenpaare, bzw. Rippenschilder. Der Brustpanzer besitzt vier Zwischenschilderpaare mit Poren, also solche, die unterhalb des Panzerrandes liegen, und an jeder der vier Flossen findet sich je eine Kralle (siehe Bildteil). Tatsächlich dienen gerade die Schuppen am Kopf von Meeresschildkröten in der Forschung als Identifikationsmerkmal für einzelne Individuen, denn sie sind so einzigartig wie der menschliche Fingerabdruck! Bilder von beiden Seiten des Kopfes, eingespeist in ein Spezialprogramm auf dem Computer, helfen bei der Identifizierung. Die äußere Form der einzelnen Schuppen kann man mit den Linien unseres Fingerabdrucks vergleichen, und man kann auf diese Weise den Tieren eine ID zuordnen. Genauso lassen sich auch andere Tiere wie Walhaie und Mantarochen anhand ihres Punktemusters seitlich am Kopf bzw. an der Bauchseite zwischen den Kiemen identifizieren.

Mit einem Gewicht von bis zu 300 kg und einer Panzerlänge von 80 bis 120 Zentimetern gehören Grüne Meeresschildkröten, zusammen mit den Unechten Karettschildkröten, zu den größten Arten innerhalb der Cheloniidae. Es wurde sogar schon ein Tier gefangen, das 395 Kilogramm wog und eine stolze Panzerlänge von 153 Zentimetern aufwies! Der Körper ist der einer typischen Meeresschildkröte, hervorzuheben sind nur der kurze Hals und der zum relativ kurzen Schnabel hin abgerundete Kopf. Außerdem sind die Kiefer der Grünen Meeresschildkröten, wie vorher schon erwähnt, mit Rillen versehen, mit denen sie pflanzliche Nahrung gut zerkleinern können. Grüne Meeresschildkröten gelten im Allgemeinen als die Vegetarier unter den Meeresschildkröten, da sie sich in ihrem Erwachsenenleben fast ausschließlich von Seegras und Algen ernähren (siehe Bildteil). Doch Studien belegen, dass die Tiere durchaus Geschmack an kleinen Fischen, Schirmquallen und anderen Wirbellosen haben, sollte diese ihnen vor den Schnabel schwimmen (siehe Videoaufzeichnungen der Crittercam: http://www.int-res.com/articles/suppl/m322p269_videos/). Aktuelle Forschungsergebnisse zeigen zudem einen Zusammenhang ihrer Ernährungsweise mit den Wassertemperaturen: In höheren Breitengraden und in Kaltwasserströmungen mit Temperaturen unter 20 °C spielen tierische Bestandteile in der Nahrung eine wichtigere Rolle. Diese Untersuchungen beweisen, dass die Ernährung von Suppenschildkröten durchaus variabel ist und die Tiere wenigstens kurzzeitig und saisonal in der Lage sind, ihre Ernährung den sich verändernden Umweltbedingungen anzupassen. Dennoch bleibt es fraglich, ob die Tiere als Reaktion auf die stetig ansteigenden Wassertemperaturen infolge der globalen Erwärmung ihre Ernährung langfristig und in ausreichendem Maße umstellen können.

Junge Grüne Meeresschildkröten hingegen sind carnivor, also Fleischfresser. Sie ernähren sich von allem, was sie erwischen können: z.B. Fischeier, Algen und wirbellose Tiere wie Schwämme, Kalmare, Krebstiere und Würmer.

Grüne Meeresschildkröten sind weltweit in allen tropischen und subtropischen Ozeanen, also dem Atlantik, dem Pazifik und Indischen Ozean sowie im Mittelmeer zu Hause. Man schätzt, dass Grüne Meeresschildkröten in den Küstengebieten von mehr als 140 Ländern leben und jährlich in über 80 Ländern nisten (siehe Karte am Ende des Kapitels). Die weltweit größten Nistpopulationen befinden sich im Nationalpark Tortuguero an der karibischen Küste im Norden von Costa Rica mit 30 000 Weibchen pro Saison sowie auf der Insel Raine Island im gleichnamigen Raine-Island-Nationalpark im Großen Barriereriff in Australien. Raine Island gilt als die am längsten bekannte Meeresschildkrötenkolonie der Welt, da die Insel seit über tausend Jahren ein Nistplatz für Suppenschildkröten ist. Tatsächlich ging man viele Jahre davon aus, dass auf Raine Island in etwa die gleiche Anzahl Tiere nistet wie in Tortuguero, doch mithilfe von Drohnenaufnahmen kam Erstaunliches zutage: Anhand der Bilder aus der Luft konnten die Wissenschaftler*innen nun genauere Zählungen vornehmen und fanden so heraus, dass die Nistpopulation um das Doppelte größer ist als gedacht. Pro Saison legen dort also bis zu 60 000 Weibchen ihre Eier!

Um sich fortpflanzen zu können, müssen die Tiere natürlich erst einmal die Geschlechtsreife erreichen, und die tritt etwas später ein als bei den anderen sechs Arten. Ihre Geschlechtsreife erreichen Grüne Meeresschildkröten abhängig von dem Nahrungsangebot ihrer Fressgründe: Während die weiblichen Tiere in Costa Rica mit circa 26 Jahren geschlechtsreif werden, dauert es für die australischen Weibchen zwischen 30 und 40 Jahren, da dort das Nahrungsangebot nicht so reichhaltig ist. Um sich zu paaren und ihre Eier zu legen, kehren die Weibchen alle zwei bis vier Jahre an ihre Geburtsstrände zurück, während die Männchen jedes Jahr dorthin zurückkehren und ihr Glück bei den Damen versuchen. Je nach Population variiert dabei die Nistsaison: Die karibische Population nistet meist zwischen Juni und September, auf Raine Island liegt die Saison zwischen November und März, und andere Populationen, wie die im Indischen Ozean, nisten sogar ganzjährig (bevorzugt aber in der Zeit zwischen Juli und Oktober). Dabei legen die Weibchen durchschnittlich zwischen 80 und 100 Eier pro Nest, jeweils zwei Wochen lang. Pro Nistsaison legen die Weibchen so zwischen ein und fünf Gelege, bevor sie das Nistgebiet verlassen und zu ihren Futterplätzen zurückkehren.

Grüne Meeresschildkröten sind sehr langlebig und können bis zu 70 Jahre alt werden. Das bedeutet, sie können sich im besten Fall viele Jahre lang fortpflanzen und Nachwuchs in die Welt setzen.

Auch wenn es auf den ersten Blick etwas weit hergeholt erscheint, so trägt die Ernährung erwachsener Grüner Meeresschildkröten maßgeblich zur Gesundheit der Ozeane bei. Indem die adulten Tiere bis zu zwei Kilogramm Seegras pro Tag abweiden, erhöhen sie die Produktivität und den Nährstoffgehalt der Seegräser, da die Seegraswiesen, ganz ähnlich wie ein feiner englischer Rasen, sonst zuwuchern würden (siehe Bildteil). Übermäßiges Wachstum führt nämlich zu vermehrtem abgestorbenem Pflanzenmaterial, das von Pilzen, Algen, Mikroorganismen und Wirbellosen besiedelt wird, aber kaum Nahrung und keinen Lebensraum für andere Tiere bietet, z.B für von Menschen kommerziell genutzte Fischarten. Gesunde Seegraswiesen, die regelmäßig von großen Pflanzenfressern wie Meeresschildkröten oder Dugongs (Seekühe) abgeweidet werden, weisen hingegen eine höhere Artendichte und eine insgesamt größere Produktivität auf.

Wahrscheinlich hat fast jeder, der nach einem Sturm den Strand entlang spazieren gegangen ist, schon einmal die Nase gerümpft, da die angeschwemmten Seegrashalme in der Sonne anfangen können zu riechen. Doch gerade diese Seegräser sind ungeheuer wichtig für unsere Ozeane. Sie sind keine Algen, sondern gehören zur Gruppe der einkeimblättrigen Pflanzen, sind also mit Palmen, Lilien und Gräsern verwandt. Wie ihre Verwandten an Land haben Seegräser Wurzeln, Blätter und Blattadern und produzieren Samen und sogar Blüten. Man findet Seegraswiesen in den flachen Küstenregionen der gemäßigten und tropischen Meere in 159 Ländern auf sechs Kontinenten, und sie sind Wohnstätte, Kinderstube und Nahrungsquelle zahlreicher, zum Teil geschützter Arten (u.a. Seepferdchen). Laut Schätzungen des UNEP, des Umweltprogramms der Vereinten Nationen, sind weltweit mindestens 300 000 Quadratkilometer des Meeresbodens mit Seegras bedeckt. Seegraswiesen schützen nicht nur die Küsten vor Erosion durch Sturmfluten und reinigen das Wasser, sondern binden, genau wie unsere Pflanzen an Land, über lange Zeiträume Kohlendioxid (CO_2). Obwohl Seegraswiesen nur 0,1 Prozent des Meeresbodens bedecken, speichern sie bis zu 18 Prozent des weltweiten »blauen Kohlenstoffs« in den Ozeanen. Als »blauer Kohlenstoff«, im Englischen *blue carbon* genannt, wird das CO_2 bezeichnet, das in Küsten- und Meeresökosystemen gespeichert wird. Mangroven, Salzwiesen und Seegras sind die *Big Three*, also die drei großen marinen Blue-Carbon-Ökosysteme, die auch am besten untersucht und verstanden sind. Sie entziehen der Luft durch Fotosynthese Kohlendioxid, speichern es in Biomasse und Sedimenten und gelten daher als Hoffnungsträger im Kampf gegen den Klimawandel. Die Wiederaufforstung und Regenerierung der *Big Three* gilt für viele in der Wissenschaft als eine der wichtigsten und vor allem natürlichsten Maßnahmen, um den Klimawandel abzumildern. Da aber Seegraswiesen vor allem in den Küstenregionen vorkommen, welche zumeist dicht besiedelt sind, sind sie starken Belastungen z.B. durch Aquakultur, Fischerei und Abwässer ausgesetzt. Laut dem UNEP werden weltweit durch menschliche Einflüsse etwa alle 30 Minuten Seegrasflächen von der Größe eines Fußballfeldes zerstört, wodurch das gespeicherte CO_2 wieder freigesetzt wird und das ist gerade in Zeiten des Klimawandels sehr besorgniserregend. Das *SeaStore-Projekt,* ein Seegras-Wiederansiedlungsprojekt in der südlichen Ostsee, rechnet vor, dass pro Jahr 650 Millionen Tonnen Treibhausgase emittiert würden, sollten die Seegraswiesen weltweit absterben. Das entspräche in etwa den jährlichen Kohlendioxidemissionen Deutschlands.

Um der fortschreitenden Zerstörung dieses wichtigen Ökosystems entgegenzuwirken, arbeiten daher weltweit Menschen an Schutz- und Renaturierungsprojekten. In der *Shark Bay,* einer Meeresbucht an der Westküste Australiens, untersuchte ein Team um die Evolutionsbiologin Dr. Elizabeth Sinclair von der University of Western Australia die lokalen Seegraswiesen. Sie bedecken in der Bucht eine Fläche von rund 200 Quadratkilometern, und die Wissenschaftler*innen wollten herausfinden, wie groß die genetische Vielfalt dieser Seegraswiesen ist und welche Pflanzen sich für die Renaturierung eignen. »Wir werden oft gefragt, wie viele verschiedene Pflanzen in Seegraswiesen wachsen, und dieses Mal haben wir genetische Werkzeuge eingesetzt, um die Frage zu beantworten«, so Dr. Sinclair in einer Pressemitteilung der Universität. Um ein möglichst breites Probenspektrum zu bekommen, entnahmen sie Seegrastriebe aus den unterschiedlichsten Bereichen der Seegraswiese. Per Genanalyse erstellten sie anhand von 18 000 Markern einen »genetischen Fingerabdruck«, und das Ergebnis war eine absolute Sensation: Anstatt der erwarteten unterschiedlichen Arten fanden die Forscher*innen die wohl größte Pflanze der Welt, denn sämtliche Triebe der Proben waren identisch! Die komplette Fläche von 200 Quadratkilometern besteht also nicht aus vielen verschiedenen Arten, sondern nur aus einer (!) Pflanze der Art *Posidonia australis.* Diese Riesenpflanze »scheint sich aus einem einzigen kolonisierenden Sämling entwickelt zu haben«, so die Erstautorin der Studie, Jane Edgeloe. Das bedeutet laut den Wissenschaftler*innen, dass sich das Seegras seit mindestens 4500 Jahren selber klont! Um zu verstehen, wie diese faszinierende Pflanze die letzten Jahrtausende unter den unterschiedlichsten Umweltbedingungen überleben und gedeihen konnte, führen die Forscher*innen nun weitere Experimente durch.

Aber nicht nur die Menschen tragen zum Schutz und den Erhalt von Seegraswiesen bei, sondern auch die Tiere, die sich davon ernähren. Eine neue Studie zeigt, dass Dugongs und Grüne Meeresschildkröten durch den Verzehr und das Ausscheiden von Seegrassamen eine wichtige Rolle bei der Erhaltung von Seegraswiesen spielen. Wissenschaftler*innen, die im *Great Barrier Reef* arbeiteten, fanden heraus, dass Seegrassamen bis zu 60 Prozent schneller keimten, nachdem sie den Darm von Dugongs oder Grünen Meeresschildkröten passiert hatten. Auch die Keimwahrscheinlichkeit war zwei- bis viermal höher.

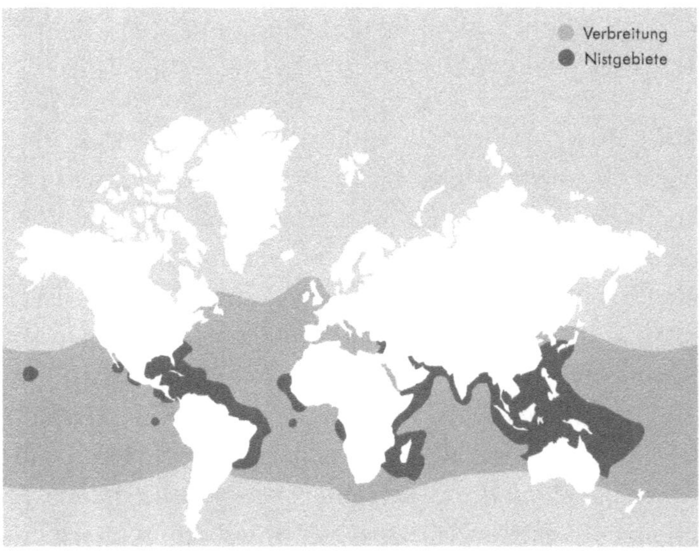

Doch auch wenn die Rekultivierung von Seegraswiesen in Küstenregionen bisher als ein wirksames Mittel im Kampf gegen den Klimawandel galt, so ist sie dennoch keine Patentlösung, so die Ergebnisse einer im Jahr 2021 erschienenen Studie. Laut einem internationalen Team um Dr. Bryce van Dam vom Hereon Institut für Kohlenstoffkreisläufe führen verschiedene biochemische Prozesse in Seegraswiesen in den warmen Gewässern der Tropen nämlich dazu, dass mehr Kohlendioxid an die Atmosphäre abgegeben, als gespeichert wird. Das heißt im Klartext, dass wir »uns nicht auf Blue-Carbon-Maßnahmen verlassen können, um das CO_2 auszugleichen, das wir durch die Verbrennung fossiler Brennstoffe in die Atmosphäre bringen«, so van Dam in einer Pressemitteilung des Instituts. »Vielmehr müssen wir zuerst die CO_2-Emissionen reduzieren und dann die Küstenlebensräume schützen, um von den vielen ökonomisch und ökologisch wichtigen Leistungen zu profitieren, die sie uns bieten – auch wenn erhöhte CO_2-Speicherung nicht immer dazugehört«, so der Wissenschaftler weiter.

Unechte Karettschildkröten – die Kreuzfahrtschiffe mit vier Flossen

Die mit größte Art innerhalb der Cheloniidae ist, wie schon oben erwähnt, *Caretta caretta* – die Unechte Karettschildkröte. Ein ausgewachsenes Tier kann ein Gewicht zwischen 80 und 200 kg mit einer Carapax-Länge von 70 bis 110 Zentimetern erreichen – mit deutlichen Größenunterschieden zwischen den verschiedenen Populationen. Äußerlich unterscheidet sich *C. caretta* von den anderen Meeresschildkröten vor allem durch den dickeren Kopf und die sehr starken Kiefer. Unechte Karettschildkröten sind Allesfresser (Omnivore). Hauptsächlich ernähren sie sich von wirbellosen Lebewesen am Meeresgrund wie z.B. Schnecken, Muscheln und Krebsen. Mit ihren kräftigen Kiefern sind die Tiere in der Lage, selbst die hartschaligste Beute zu zermalmen. Der Speiseplan dieser Art ist, im Gegensatz zum dem der anderen Meeresschildkröten, etwas größer, denn sie fressen auch Seepferdchen, Korallen, Schwämme, Seeigel, Seegurken und ansonsten so ziemlich alles, was sie erwischen können.

Die Grundfarbe der Haut bei der Unechten Karettschildkröte reicht von gelb bis braun, während der Rückenpanzer eher rötlich-braun ist und die Unterseite des Tieres der Hautfarbe entspricht. Sie unterscheidet sich von den anderen Meeresschildkröten natürlich auch in der Anzahl ihrer Schuppen an Kopf, Rücken- und Brustpanzer. Die Tiere haben mehr als ein Paar Vorderstirnschilder zwischen den Augen und am Carapax fünf seitliche Rippenschilderpaare sowie am Plastron drei Zwischenschilderpaare mit Poren. Zudem finden sich an jeder der vier Flossen je zwei Krallen (siehe Bildteil). Die Schlüpflinge der Unechten Karettschildkröte unterscheiden sich in der Farbgebung von den erwachsenen Tieren, denn der Carapax der Kleinen ist dunkelbraun oder rötlich-braun und das Plastron cremeweiß, rötlich-braun oder dunkelbraun. Der Rückenpanzer der etwas größeren Schildkröten ist oft mit verschiedensten Organismen bewachsen: Algen, Muscheln, kleinen Krebsen, Seepocken und anderen kleinen Wirbellosen. Damit sehen die Tiere aus wie kleine, schwimmende Inseln mit ihrer eigenen Landschaft plus Bewohnern. Dieser tierische Bewuchs wird auch als »Epibionten« bezeichnet und stellt ein schwimmendes All-You-Can-Eat-Buffet für andere Meeresbewohner und Seevögel dar. Forschungsergebnisse zeigen, dass die Panzer von Unechten Karettschildkröten wahre Hotspots an Leben sind – es wurden mehr als 100 verschiedene Arten auf dem Panzer von nur einem Tier gezählt!

Für die Forschung von Interesse sind aber nicht nur die größeren Epibionten, sondern auch kleinste Bewohner, wie zum Beispiel Fadenwürmer. Diese gehören zur sogenannten »Mesofauna«, also zu einer Gruppe bodenlebender Organismen mit einer Größe von 0,3 bis 1 mm. Die Untersuchung von Kleinstlebewesen auf Schildkrötenpanzern können dazu beitragen, ein Paradoxon im Zusammenhang mit diesen winzigen Lebewesen klären: Bis heute ist nicht abschließend geklärt, wie dieselben Arten aquatischer Mesofauna in verschiedenen Teilen der Welt gefunden wurden, die Hunderte oder sogar Tausende von Kilometern voneinander entfernt sind! Forschende vermuten, dass sie über große Entfernungen auf den Rücken von Meeresschildkröten reisen, ganz wie auf einem komfortablen Passagierschiff, was ihre weite Verbreitung erklären könnte.

Die Identifizierung der mitreisenden Organismen kann zudem Rückschlüsse auf die Aufenthaltsorte der Meeresschildkröten geben, was helfen könnte, in Zukunft die Tiere besser zu schützen. Unechte Karettschildkröten, sind nämlich wahre Kosmopoliten, die die subtropischen und gemäßigten Regionen des Atlantiks, des Indischen und des Pazifischen Ozeans sowie das Mittelmeer bewohnen. Im Prinzip zieht sich ihr Verbreitungsgebiet wie ein breiter Gürtel um die Erdhüfte, wobei die größten Populationen in den Ländern entlang des Golfs von Mexiko und der Nordostküste Nordamerikas zu finden sind. Von allen Meeresschildkrötenarten haben sie zudem das größte geografische Verbreitungsgebiet, wenn es um ihre Nistgebiete geht (siehe Karte am Ende des Kapitels). Bis vor einigen Jahren galten Florida und der Oman als die größten Nistgebiete weltweit, gefolgt von den Kapverdischen Inseln. Die Kapverdischen Inseln, etwa 15 Inseln vulkanischen Ursprungs, von denen heute neun bewohnt sind, sind ein unabhängiger afrikanischer Inselstaat und liegen knapp 600 Kilometer vor der Westküste Afrikas im Atlantischen Ozean. In den letzten Jahren ist die Zahl der Nester in dem westafrikanischen Inselstaat so dramatisch gestiegen, dass einige Wissenschaftler*innen glauben, dass

Kap Verde der zweitgrößte, wenn nicht sogar der größte Nistplatz der Unechten Karettschildkröte weltweit ist (siehe Bildteil). Der kapverdische Minister für Landwirtschaft und Umwelt, Gilberto Silva, erklärte in einer Parlamentsdebatte im März 2021, dass im Jahr 2020 die Nester eine Rekordzahl von fast 200 000 erreicht hatten! Seit 2015 war ein kontinuierlicher Anstieg an Nestern zu verzeichnen, was den Bemühungen der dortigen Behörden, aber vor allem verschiedenen lokalen Schutzorganisationen zu verdanken ist. Nach Angaben der nationalen Umweltbehörde der Kapverden wurden in 2015 »nur« 10 725, in 2016 schon 30 470, in 2017 mehr als 44 035 und im Jahr 2018 109 126 Nester registriert – Tendenz steigend! Bis Ende Oktober 2021 wurden alleine an den Projektstränden der *Turtle Foundation*, einer Schutzorganisation auf den Kapverden, über 30 000 Nester gezählt – ein Rekord seit

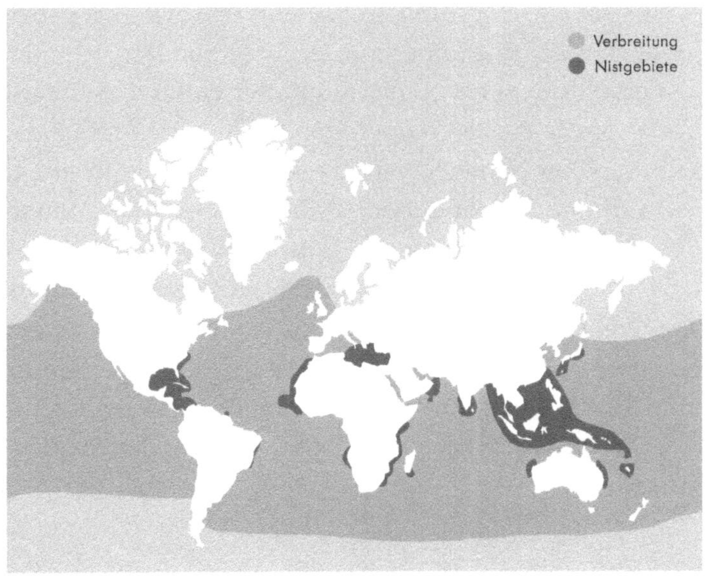

Bestehen der Organisation! Auf die spannende und so wichtige Arbeit der *Turtle Foundation* gehe ich später im Kapitel »Begehrte Delikatessen« noch näher ein. Die genauen Gründe für diese Rekordzahlen sind noch nicht ganz klar, könnten aber ein Zusammenspiel aus den Schutzbemühungen, dem Rückgang von Haien und anderen Fressfeinden durch Überfischung sowie einem reichlichen Futterangebot für die Meeresschildkröten sein.

Während der Nistsaison kehren die Weibchen der Unechten Karettschildkröte circa alle zwölf bis 17 Tage an ihre Niststrände zurück und legen im Durchschnitt vier Nester mit 80 bis 120 Eiern an (siehe Bildteil). Nach der Nistsaison pflanzen die Weibchen sich dann etwa zwei bis vier Jahre lang nicht fort. Die Geschlechtsreife tritt bei der Unechten Karettschildkröte mit etwa 20 bis 30 Jahren ein, und sollten die Tiere nicht eines vorschnellen Tods sterben, können sie um die 70 Jahre und älter werden.

Der Name »Unechte Karettschildkröte« ist zugegebenermaßen etwas irreführend, denn es handelt sich hier keinesfalls um eine »gefälschte« Karettschildkröte. Offenbar ist den deutschen Namensgebern für diese Art einfach kein besserer Name eingefallen, was sehr undankbar ist, denn wir verdanken dieser Art die meisten Erkenntnisse über Meeresschildkröten. Ein Beispiel sind die sogenannten *lost years* also die verlorenen Jahre, die dank dieser Art wiedergefunden wurden, oder das Wissen über ihre phänomenale Orientierung in den Weiten des Meeres mithilfe ihrer Supersinne – doch dazu mehr in den Kapiteln »Die verlorene Jahre« und »Die Supersinne der Meeresnomaden«.

Echte Karettschildkröten – die Architekten der Korallenriffe

Kommen wir von der Unechten zur Echten Karettschildkröte, *Eretmochelys imbricata*. Diese mit 75 bis 90 cm relativ kleine Meeresschildkröte ist wegen ihres hübschen Aussehens meine Lieblingsschildkröte. Echte Karettschildkröten lassen sich gut von den anderen Arten unterscheiden, denn die Zeichnung ihrer Hornschuppen auf dem Rückenpanzer ist sehr markant: Die Grundfarbe ist bernsteinfarben mit einer unregelmäßigen Kombination aus hellen und dunklen Streifen, die zu den Seiten hin ausstrahlen, sowie schwarzen und braunen Flecken an den äußeren Rändern. An jeder ihrer vier Flossen haben sie jeweils nur eine Kralle (siehe Bildteil).

Die außergewöhnliche Schönheit des Panzers bzw. die Färbung der Schuppen ist leider auch der Grund, warum diese Tiere bis heute gejagt werden. Die Population im Ostpazifik ist wahrscheinlich die am stärksten gefährdete Meeresschildkrötenpopulation der Welt – zu den Gründen später mehr. Die Schuppen des Carapax überlappen sich dachziegelartig, sodass der äußere Rand des Panzers gezackt ist und an ein Sägeblatt erinnert. Genau wie Grüne Meeresschildkröten haben Echte Karettschildkröten vier seitliche Rippenschilderpaare und am Brustpanzer drei Zwischenschilderpaare mit Poren. Im Gegensatz zu *C. mydas* haben sie aber zwei Paar Vorderstirnschilder zwischen den Augen. Der Kopf unterscheidet sich deutlich von dem der anderen Arten, da er viel schmaler und spitz zulaufend ist und in einem habichtartigen Schnabel endet (siehe Bildteil). Im Englischen werden sie deswegen auch als *hawksbill turtle* bezeichnet (*hawk*= Habicht, *bill*= Schnabel).

Dieser hakenförmige Schnabel eignet sich hervorragend, um auch noch in den kleinsten Spalten im Riff nach Nahrung zu suchen. Die Tiere ernähren sich hauptsächlich von Schwämmen, verschmähen aber auch nicht Algen, Fische, Schalentiere und Nesseltiere wie Anemonen und Quallen (siehe Bildteil). Sie können sogar giftige Staatsquallen wie die Portugiesische Galeere fressen, ohne dass ihnen die Nesselzellen, die das Gift enthalten, etwas anhaben können. Die Tiere schließen einfach ihre ungeschützten Augen, wenn sie sich über den giftigen Glibber hermachen; die Nesselzellen können die Schuppen am Kopf, ihre natürliche Panzerung, nicht durchdringen.

Doch auch wenn das Verspeisen von Schwämmen harmlos klingt (man denke nur an die US-amerikanische Zeichentrickserie SpongeBob Schwammkopf, in der ein gut gelaunter Schwamm in einer umgebauten Ananas in der Unterwasserstadt Bikini Bottom lebt), so sind diese auf den ersten Blick so unscheinbaren Tiere oft bis an die Zähne bewaffnet. Zugegeben, **Schwämme**, die im Tierreich zu den Porenträgern oder *Porifera* zählen, haben keine Zähne, und sie sind im Gegensatz zu Säugetieren recht einfach aufgebaut. Im Wesentlichen bestehen sie aus zwei Zellschichten, welche durch eine gelatinöse Matrix voneinander getrennt sind. Schwämmen fehlen jegliche Organe, und sie besitzen auch kein Nervensystem. Die meisten Schwämme gehören zu den Filtrierern, die ihre Nahrung durch die vielen Poren einstrudeln, mittels Phagozytose aufnehmen und verdauen und die Ausscheidungen durch die Poren nach außen wieder abgeben. Ihr Aussehen ist sehr vielfältig, es gibt sie in den verschiedensten Farben und Formen von einem braunen, krustenartigen Überwuchs auf Steinen bis hin zu beeindruckend großen gelben Röhren. Da Schwämme ihren Fressfeinden nicht davonschwimmen oder -laufen können, mussten sie sich im Laufe der Evolution etwas einfallen lassen, um nicht in hungrigen Mägen zu landen. Da es sie schon seit über 600 Millionen Jahren gibt und sie somit um einiges älter als Dinosaurier und andere Urzeittiere sind, hatten sie genug Zeit, um wirkungsvolle Verteidigungsmechanismen zu entwickeln. Die meisten Schwammarten bilden mineralische Skelettelemente aus, die sowohl stabilisierend sind, als auch zum Schutz dienen. Diese Stützelemente werden als Spicula bezeichnet und bestehen aus Calciumcarbonat oder Silikat und sind in das Schwammgewebe eingelagert. Dem Naturschwamm in Ihrem Badezimmer hingegen fehlen diese mineralischen Einlagerungen, sein Gewebe wird durch weiche Proteinfasern aus Spongin gestützt.

Doch das ist nicht der einzige Schutzmechanismus, den die Tiere haben, denn auch bioaktive Substanzen mit fungizider oder antibiotischer Wirkung halten Pilze und Bakterien fern und können zudem für den hungrigen Räuber giftig sein. Echten Karettschildkröten jedoch machen Spicula, unverdauliche Schwammfasern und eine Reihe von chemischen Verbindungen nichts aus. Sie gehören zu den wenigen Tieren, die Schwämme verdauen können. Diese Nahrungsvorliebe kommt der Gesundheit von Korallenriffen zugute, denn sie halten die Schwammpopulationen in Schach, sodass in den Riffen Platz für die Ansiedlung und das Wachstum von anderen Organismen frei wird, z.B. für Korallen. Damit nehmen sie eine sehr wichtige Rolle bei der Ausbreitung von Korallen ein – sie sind quasi die Architekten der Korallenriffe.

Das allein ist schon faszinierend, doch die Tiere haben noch andere Überraschungen parat. Im Jahr 2015 unternahm der Biologe und *National Geographic*-Forscher David Gruber von der City University of New York zusammen mit Wissenschaftlern des American Museum of Natural History in New York eine Expedition zu den Salomonen, einem Inselstaat in der Südsee. Sie waren dort auf der Suche nach biofluoreszierenden Korallen. **Biofluoreszenz** tritt auf, wenn ein Organismus Licht von einer äußeren Quelle, z.B. der Sonne, absorbiert, es umwandelt und dann in einer anderen Farbe wieder abgibt. Dies unterscheidet sich von der Biolumineszenz, also der Fähigkeit von Lebewesen, selbst oder mithilfe von Symbionten Licht zu erzeugen. Glühwürmchen zum Beispiel produzieren Licht mithilfe einer chemischen Reaktion, während Anglerfische in der Tiefsee mithilfe von biolumineszierenden Bakterien, mit denen sie in Symbiose leben, Licht erzeugen können. Wer mehr über **Biolumineszenz** erfahren möchte, dem empfehle ich das Kapitel »Funkeln im Dunkeln, aus *Das Blaue Wunder,* meinem ersten Buch.

Doch nun zurück zu der Expedition. Während eines Nachttauchgangs, bei dem die Wissenschaftler*innen, ausgestattet mit speziellem Kameraequipment, leuchtende Korallen untersuchen wollten, schwamm Gruber eine Echte Karettschildkröte vor die Linse. Das klingt jetzt vielleicht nicht wahnsinnig spektakulär, aber ihm gelang mit diesen Aufnahmen eine Sensation, die nicht nur in der Wissenschaft große Wellen schlug. Die speziellen Filter, mit denen die Kamera ausgestattet war, erlaubten es dem Biologen nämlich, biofluoreszierende Organismen zum Leuchten zu bringen und siehe da – die vorbeischwimmende Meeresschildkröte leuchtete neonrot und grün! Dies war bis zu dem Zeitpunkt die erste veröffentliche Beobachtung von Biofluoreszenz bei einem anderen marinen Wirbeltier als bei Fischen!

Um zu bestätigen, dass die Fluoreszenz bei Meeresschildkröten weiter verbreitet ist, untersuchten die Wissenschaftler*innen später eine Unechte Karettschildkröte in Gefangenschaft, und auch dieses Tier leuchtete – in diesem Fall grün an Kopf und Brustpanzer. Bis heute sind sich die Wissenschaftler*innen nicht ganz sicher, was diese Biofluoreszenz verursacht. Eine Möglichkeit könnte auf die Ernährung der Schildkröte zurückzuführen sein, bei der die Tiere biofluoreszierende Nahrung zu sich nehmen, eine andere, dass die grüne Fluoreszenz vom Tier selbst produziert wird. Die Wissenschaftler*innen vermuten zudem, dass ein Teil, wenn nicht sogar das gesamte rote Leuchten, von Algen erzeugt wird, die auf den Panzern der Schildkröten leben. Grünes wie rotes Leuchten könnte den Tieren zur Tarnung dienen, da sie sich so nachts zwischen all den anderen bunt biofluoreszierenden Organismen wie Korallen und Anemonen gut verstecken können.

Um das Rätsel abschließend zu klären, sind jedoch noch weitere Untersuchungen erforderlich. Geklärt oder nicht, es gibt Schildkröten, die leuchten! Wie unfassbar großartig ist das denn? Dagegen kann doch jeder Marvel-Superheld einpacken!

Wenn Sie selbst einmal leuchtenden Echten Karettschildkröten begegnen möchten, dann suchen Sie am besten in tropischen Korallenriffen, denn dort halten sie sich am liebsten auf. Man findet die Tiere aber weltweit in den tropischen und in geringerem Maße auch in den subtropischen Gewässern des Atlantiks, des Indischen Ozeans und des Pazifiks. Es wird davon ausgegangen, dass Echte Karettschildkröten in den Küstengewässern von mehr als 108 Ländern leben und in mindestens 60 Ländern nisten (siehe Karte am Ende des Kapitels).

Ausgewachsene Tiere haben ein Durchschnittsgewicht von 80 kg, und sie können wahrscheinlich 50 Jahre und älter werden – ganz genau weiß man das noch nicht. Ihre Geschlechtsreife erreichen sie vermutlich mit circa 20 bis 25 Jahren, die Populationen im Indo-Pazifik wohl erst mit 30 Jahren. Um sich fortzupflanzen, kehren die Weibchen alle zwei bis vier Jahre an die Niststrände zurück, wo sie zwei bis fünf Nester graben. Echte Karettschildkröten nisten, im Gegensatz zu den Bastardschildkröten, in eher kleiner Zahl und an abgelegenen Stränden. Die größten Nistpopulationen von Echten Karettschildkröten findet man in Australien, mit 6000 bis 8000 Weibchen in der Nähe des Großen Barriereriffs und etwa 2000 an der Nordwestküste. Die größte Nistpopulation im Südpazifik mit etwa 2000 Weibchen pro Jahr findet man auf den Salomonen. Durchschnittlich werden pro Gelege zwischen

120 und 200 golfballgroße Eier gelegt. Die frisch geschlüpften kleinen Meeresschildkröten sind dunkel gefärbt und haben einen etwa 2,5 Zentimeter langen, herzförmigen Panzer.

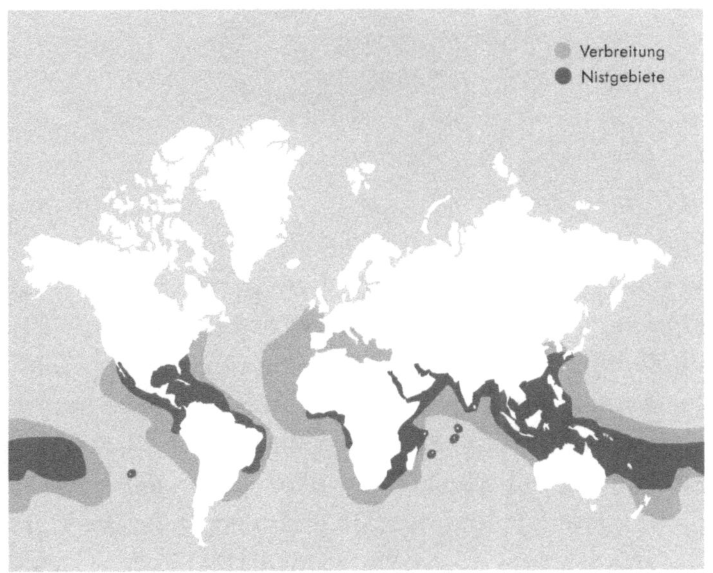

Oliv-Bastardschildkröten – sie nisten in Massen

Die weltweit am häufigsten vorkommende Meeresschildkrötenart ist die Oliv-Bastardschildkröte, *Lepidochelys olivacea*. Die mit einer Carapax-Länge von nur 60 bis 70 Zentimetern und einem Gewicht von maximal 70 Kilogramm zweitkleinste Art der Cheloniidae, kommt in warmen und tropischen Gewässern, hauptsächlich im Pazifik und im Indischen Ozean, aber auch in den warmen Gewässern des Atlantiks vor, und man findet die Tiere in den Küstengewässern von mehr als 80 Ländern (siehe Karte am Ende des Kapitels). Am Kopf haben sie mehr als ein Paar Vorderstirnschilder, am Rückenpanzer sechs oder mehr Paar Rippenschilder und am Brustpanzer vier Paar Zwischenschilder mit Poren. An ihren Flossen finden sich pro Extremität ein bis zwei Krallen (siehe Bildteil).

Den etwas uncharmanten Namen »Bastardschildkröte« haben sich die beiden Bastardschildkrötenarten eingehandelt, da sie früher als Hybrid der Grünen Meeresschildkröte und der Unechten Karettschildkröte galten. Der andere Teil ihres Namens »Oliv« ist da schon etwas charmanter und bezieht sich auf die olivgrünen Färbung ihres herzförmigen Rückenpanzers. Niemand weiß genau, wie lange Oliv-Bastardschildkröten leben, aber es wird angenommen, dass sie zwischen 30 und 50 Jahren alt werden können und ihre Geschlechtsreife mit etwa 14 Jahren erreichen. Die Tiere sind Allesfresser und ernähren sich von einer Vielzahl von Organismen wie zum Beispiel Algen, Krebs- und anderen Schalentieren. Um an im Boden lebenden Wirbellose zu gelangen, tauchen die Oliv-Bastardschildkröten auch gerne bis zu 150 Meter tief ab.

Das, was diese Meeresschildkröten aber von den anderen Arten abhebt, ist nicht unbedingt ihr Äußeres, sondern die Art, wie sie ihre Eier legen. Sowohl die Oliv- als auch die Atlantik-Bastardschildkröte sind vor allem durch großartige Naturschauspiele bekannt, die sogenannten *arribadas*, spanisch für »Ankünfte«. Die trächtigen Weibchen kommen etwa alle ein bis drei Jahre nach tage- oder sogar wochenlangem Warten zu Hunderten und manchmal zu Zehntausenden gleichzeitig an Land, um zu nisten. Das Kriechen, Graben und Eierlegen von Tausenden Meeresschildkröten gleichzeitig gehört zu den beeindruckendsten Naturschauspielen der Tierwelt. Stellen Sie sich einmal die Größe eines Fußballfeldes mit der Standardgröße von 7140 Quadratmetern vor, das komplett mit Meeresschildkröten bedeckt ist! Ein im November 2016 aufgenommenes Drohnenvideo im »Ostional National Wildlife Refuge« in Costa Rica zeigt genau das. In der Regenzeit, also zwischen August und Oktober, versammeln sich dort vor der Küste des Wildtierreservats Tausende Oliv-Bastardschildkröten, um irgendwann zeitgleich an den Strand zu krabbeln und ihre Eier zu legen. Diese *arribadas* finden nur an wenigen Stränden weltweit statt; in Ostional findet mit knapp 480 000 eierlegenden Weibchen während einer einzigen *arribada* eine der größten statt. An dem Tag, als das Video aufgenommen wurde, waren »nur« etwa 5000 Meeresschildkröten an der Wasseroberfläche zu sehen – das Äquivalent zu der Größe eines Fußballfeldes! Sehr wahrscheinlich ist, dass sich noch weitere Tiere unterhalb der Wasseroberfläche aufgehalten haben, welche nicht mitgezählt werden konnten. Diese unfassbar schöne Aufnahme können Sie sich bei YouTube anschauen – lehnen Sie sich zurück und genießen Sie das Spektakel hier: https://youtu.be/-nl3a1dsvv0.

Diese Drohnenaufnahmen stammen von der Biologin und National Geographic Explorer Vanessa Bézy, die das Phänomen der Massenankünfte seit Jahren erforscht. Laut Bézy könnten die Massenankünfte mit den lokalen geografischen Besonderheiten wie der Ausrichtung des Strandes, dem Sand und den Meeresströmungen vor Ort sowie anderen Faktoren zusammenhängen. Zudem könnten diese Eierlegepartys ein zusätzlicher Schutz für die nistenden Weibchen und ihre Eier sein, da so die Überlebenschancen der einzelnen Tiere steigen. *Safety in numbers* ist ein bewährtes Prinzip in der Menschen- und Tierwelt, da ein Individuum in einer größeren Gruppe weniger wahrscheinlich Opfer eines Angriffs wird, als ein einzeln nistendes Tier.

Dennoch ist sich die Wissenschaft bis heute nicht ganz sicher, warum genau *arribadas* entstehen und die Anzahl der nistenden Weibchen an einigen Stränden zu- und an anderen Stränden abnimmt. Es aber viele Theorien darüber, was eine *arribada* auslöst. Im Gespräch sind zum

Beispiel ablandige Winde, Mondzyklen und die Abgabe von Pheromonen durch die Weibchen. Weltweit kommen diese Massen-Nist-Events nur an wenigen Stränden im östlichen Pazifik, im westlichen Atlantik und im nördlichen Indischen Ozean vor. Global gibt es nur fünf größere mit mehr als 100 000 Nestern pro Jahr und acht bis zehn kleinere mit 10 000 bis 100 000 Nestern pro Jahr.

Seit jeher aber finden die größten *arribadas* in Mexiko statt. Mit etwa einer Million Nestern pro Jahr gehören die Strände »Playa Escobilla« sowie der mit dem Auto etwa zwei Stunden entfernte »Playa Morro Ayuta« im mexikanischen Bundesstaat Oaxaca weltweit zu den Stränden mit den meisten Nestern pro Jahr. In Indien finden sich die großen Nistkolonien vor allem an den Stränden des ostindischen Bundesstaates Odisha. Dort kommen die Weibchen vor allem zwischen Januar und März an die Strände, um ihre Eier zu legen. Anfang des Jahres 2022 wurden an Stränden in Gahiramatha und Rushikulya insgesamt 245 000 Weibchen gezählt. Auf einem Video, das Susanta Nanda, ein Beamter des indischen Forstdienstes, am 26. März 2022 auf Twitter teilte, sieht man eine Flut von Meeresschildkröten-Weibchen, die an die Strände in Gahiramatha und Rushikulya kriechen, um ihre Nester zu graben.

Obwohl die Bastardschildkröten vor allem für ihre *arribadas* berühmt sind, werden die meisten der bekannten Niststrände nur von einzelnen nistenden Weibchen besucht. Die Anzahl der Nester dort mit nur 100 bis 300 Nestern ist relativ gering. Insgesamt nisten Oliv-Bastardschildkröten weltweit in fast 60 Ländern, und die

Weibchen kommen pro Saison ein- bis dreimal an die Strände, um ihre Eier abzulegen. Dabei reicht die Größe der Gelege von 90 bis etwa 130 Eiern. Eine weitere Besonderheit, die diese Art, zusammen mit der Atlantik-Bastardschildkröte und zum Teil auch der Wallriffschildkröte, von den anderen Meeresschildkrötenarten abhebt, ist die Tatsache, dass die Weibchen auch tagsüber nisten.

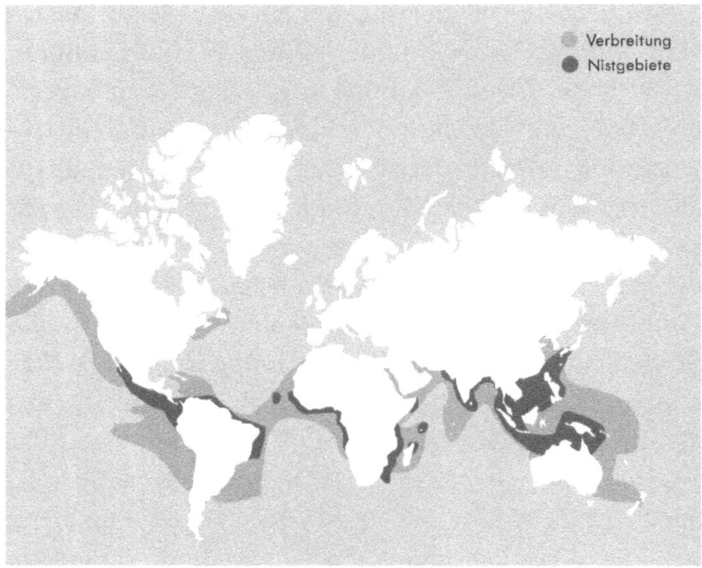

Atlantik-Bastardschildkröten – die seltensten der Panzerträger

Während die Oliv-Bastardschildkröte noch relativ häufig vorkommt, ist die Atlantik-Bastardschildkröte, *Lepidochelys kempii*, ausgesprochen selten, ja, sie ist sogar die seltenste Art unter den Meeresschildkröten. Wie die Oliv-Bastardschildkröte so hat auch ihre Schwester mehr als ein Paar Vorderstirnschilder. Ihr Rückenpanzer zeichnet sich durch fünf Rippenschilder aus, ihr Brustpanzer durch vier Zwischenschilder mit Poren. An den Vorderflossen finden sich je eine Kralle, während die Hinterflossen je ein bis zwei Krallen haben.

Man findet sie geografisch nur in einem sehr begrenzten Gebiet, das sich über den nordwestlichen Atlantik, den Golf von Mexiko und die Karibik erstreckt. Die wichtigsten Nistgebiete befinden sich im US-Bundesstaat Texas und an einem knapp 30 Kilometer langen Strandabschnitt in Rancho Nuevo im mexikanischen Bundesstaat Tamaulipas, wo die Weibchen zu Tausenden an die Strände kommen, um ihre Eier abzulegen (siehe Bildteil). Dass die Tiere dort heute wieder in so großer Zahl nisten, ist nicht selbstverständlich, denn Mitte des 20. Jahrhunderts brach die Population zusammen und erreichte in den 1980er-Jahren ihren Tiefststand. Während in den späten 1940er-Jahren an einem einzigen Tag etwa 40 000 nistende Weibchen in Rancho Nuevo gezählt wurden, schrumpfte die Anzahl bis 1985 auf nur etwa 700 Nester – weltweit!

Schuld daran war wie so häufig der Mensch: Der rapide Rückgang der Tierbestände war das Ergebnis von Wilderei und einer hohen Beifangquote in der Fischerei. Während in Mexiko Fleisch und Eier der Tiere als Nahrungsquellen geschätzt wurden, verhedderten sich die Meeresschildkröten vor den Küsten der USA und anderswo in den Schleppnetzen der kommerziellen Trawler. Durch strenge Artenschutzgesetze in Mexiko und die Einführung von Schutzvorrichtungen in den Schleppnetzen der Garnelentrawler, erholten sich die Bestände langsam. So eine Schutzvorrichtung, im Englischen ***turtle excluder device*** **(TED)** genannt, die in den Hals eines Garnelenschleppnetzes eingesetzt wird, besteht aus einem Gitter mit einer Öffnung. Die Öffnung findet sich entweder am oberen oder am unteren Ende des Schleppnetzes und dient den Meeresschildkröten und anderen größeren Tieren wie Rochen und Haien als Rettungsweg nach draußen. Während kleine Tiere wie Garnelen die Stäbe passieren und im Sackende des Schleppnetzes gefangen werden, stoßen die größeren Tiere gegen die Gitterstäbe und werden quasi durch die Öffnung wieder ausgeworfen. Seit Ende der 80er-Jahre ist es in den USA gesetzlich vorgeschrieben, dass alle Garnelentrawler ihre Netze mit solchen TEDs ausstatten. Zudem müssen alle Länder, die Garnelen in die USA exportieren, belegen, dass die von ihnen gelieferten Garnelen von Schiffen gefangen wurden, die mit TEDs ausgerüstet sind. Länder, die das nicht nachweisen können, sind vom Garnelenimport in die USA ausgeschlossen.

Leider lassen die Einfuhrgesetze in Europa noch sehr zu wünschen übrig. Bislang schreibt die Europäische Union, der größte Markt für Meeresfrüchte in der Welt, keine TEDs für den Import von wild gefangenen tropischen Shrimps vor. Dies führt zum Beifang von Zehntausenden Meeresschildkröten pro Jahr.

Durch die Einführung dieser Schutzmaßnahmen erholten sich die Bestände der Atlantik-Bastardschildkröte: 2017 wurden in der Nistsaison in Texas und Mexiko zusammen etwa 24 000 Nester gezählt. Auch wenn diese Zahl nicht an die historische Populationsgröße von schätzungsweise 181 000 Nestern pro Saison in 1947 heranreicht, wurden die Atlantik-Bastardschildkröten vor der Ausrottung gerettet und gelten seither als Ikonen eines erfolgreichen Artenschutzes.

Wie vorher schon erwähnt, nistet *Lepidochelys kempii* primär tagsüber, was sie von den anderen Arten abhebt. Dazu kommt die mit einer Carapax-Länge von nur 60 bis 70 Zentimetern und einem durchschnittlichen Gewicht zwischen 33 und 45 Kilogramm kleinste unter den Meeresschildkröten zwischen April und Juli etwa alle ein bis drei Jahre an den Strand und legt pro Saison durchschnittlich zwei bis drei Gelege mit je 90 bis 130 Eiern. Im Alter von etwa zehn bis 15 Jahren werden die Tiere geschlechtsreif; man nimmt an, dass sie mindestens 30 Jahre alt werden können, also ähnlich wie die Oliv-Bastardschildkröten. Äußerlich unterscheiden die beiden Arten sich aber erheblich: Der Rückenpanzer der Atlantik-Bastardschildkröte ist fast so breit wie lang und erscheint daher fast kreisrund. Bei ausgewachsenen Tieren ist er grau-grün, der Bauchpanzer hingegen ist blassgelb (siehe Bildteil). Auf dem Speiseplan dieser Art stehen hauptsächlich Krebse, aber auch Fische, Quallen und kleinere Weichtiere.

Wallriffschildkröten – die Heimattreuen

Die wohl mysteriöseste unter den Meeresschildkröten ist die Wallriffschildkröte, *Natator depressus*, denn über sie liegen kaum wissenschaftliche Studien vor. Dies liegt wohl zum einen daran, dass sie lange Zeit als eine Variante der Suppenschildkröte eingestuft und erst 1988 als eigene Art beschrieben wurde. Eine andere Erklärung könnte die Abgeschiedenheit ihres Lebensraumes sein, der es schwierig macht, sie zu studieren: Ihr Verbreitungsgebiet ist auf die tropischen Regionen des Kontinentalschelfs, also des Festlandsockels, und die Küstengewässer von Nordaustralien, Südindonesien und dem südlichen Papua-Neuguinea beschränkt, wo das Wasser maximal 200 Meter tief ist (siehe Karte am Ende des Kapitels).

Normalerweise halten sich die Tiere in küstennahen Gewässern und Buchten auf, wo sie meist in weniger als 60 Metern Tiefe am Bodengrund nach Futter wie Krebs- und Weichtieren sowie Seegurken und anderen Wirbellosen suchen. Die Weibchen nisten ausschließlich an der Nordküste Australiens; sie haben, wie auch die Jungtiere, keine »ozeanische Phase«. Das heißt, sie unternehmen keine langen Wanderungen durch den offenen Ozean, ganz im Gegensatz zu den anderen sechs Arten, die ihr Jungtierstadium teilweise oder komplett im offenen Ozean verbringen.

Die Weibchen legen etwa alle zwei bis vier Jahre ihre Eier. Pro Nistsaison legen sie dann in einem Abstand von ungefähr 16 Tagen zwei bis drei Gelege mit je etwa 50 Eiern an. Diese Eier sind relativ groß im Verhältnis zu ihrer Körpergröße, etwa vergleichbar mit Billardkugeln. Folglich sind auch die Schlüpflinge der Wallriffschildkröten ziemlich groß.

Welche Vorteile könnte diese evolutionäre Strategie von wenigen, aber dafür großen Eiern und Schlüpflingen haben? Möglicherweise bleibt manchen Räubern der zu große Snack im Hals stecken, und die größeren Jungtiere sind schneller in der Lage, ihnen aus dem Weg zu schwimmen. Eine andere plausible Möglichkeit könnte sein, dass größere Eier den Embryonen als Hitzeschutz dienen, da diese sich langsamer im Nest aufwärmen als kleinere Eier. Die Temperaturen, denen die Eier von Wallriffschildkröten im Sommer an vielen Niststränden ausgesetzt sind, gehören nämlich mit bis zu 36 °C zu den höchsten Temperaturen, bei denen sich kleine Meeresschildkröten entwickeln müssen.

Sind die Tiere einmal ausgewachsen, können sie eine durchschnittliche Panzerlänge von 80 bis 95 Zentimetern und ein Gewicht um die 100 Kilogramm erreichen. Panzer und Kopf der Tiere sind oliv bis grau, die Bauchseite blassgelb. Im Gegensatz zu den anderen Arten ist der ovale, an den Rändern etwas nach oben gebogene Rückenpanzer relativ flach – was den Tieren den englischen Namen *flatback sea turtle* (auf Deutsch: Flachrücken-Meeresschildkröte) einbrachte. Am Kopf findet sich ein Paar Vorderstirnschilder und der Carapax zeichnet sich durch vier oder mehr Rippenschilder aus. Pro Flosse haben die Tiere eine Kralle (siehe Bildteil). In weiten Teilen ihrer Nistgebiete stehen die Wallriffschildkröten auf dem Speiseplan von Leisten-, beziehungsweise Salzwasserkrokodilen. Leistenkrokodile, die eine Länge von bis zu 6,5 Metern erreichen können, sind die größten lebenden Reptilien in der Welt. Da Angriffe auf Menschen zwar sehr selten sind, aber dennoch hin und wieder vorkommen, ist das möglicherweise ein weiterer Grund, warum noch so wenig über die Wallriffschildkröten bekannt ist. Es gibt bisher nämlich so gut wie keine Unterwasseraufnahmen der Schildkröten in ihrem natürlichen Lebensraum, da das Filmen im Revier der Krokodile wahrscheinlich zu gefährlich wäre.

In Westaustralien gilt der Bestand der Wallriffschildkröten zwar als gefährdet, aber die Nichtregierungsorganisation IUCN (Abkürzung für: *International Union for the Conservation of Nature and Natural Resources*) betrachtet die Datenlage als ungenügend und führt diese Arte daher in ihrer »Roten Liste gefährdeter Arten« als *data deficient*.

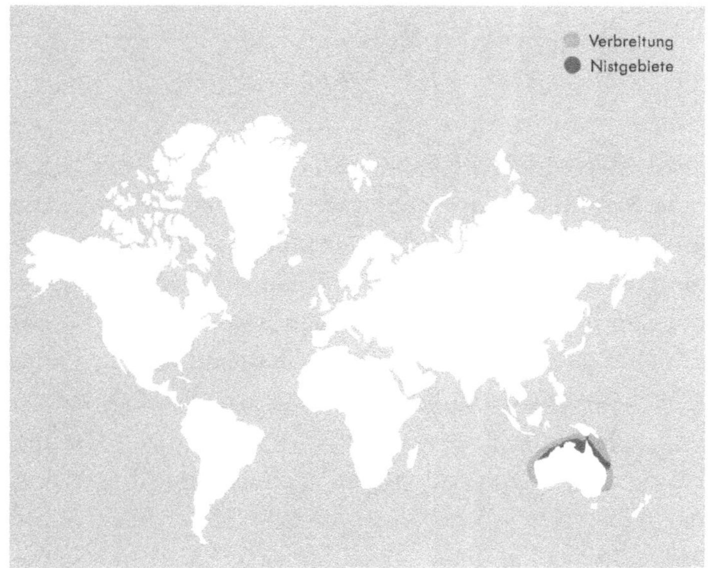

Lederschildkröten – die Tieftauchchampions

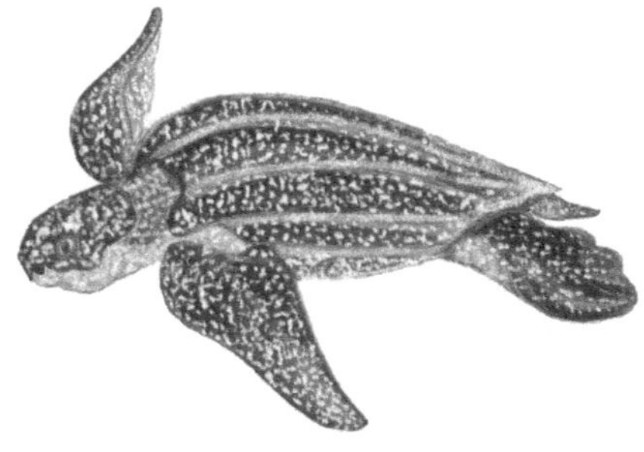

Die Lederschildkröte, *Dermochelys coriacea,* ist wahrhaftig eine Schildkröte der Superlative. Sie ist nicht nur die größte Schildkröte der Welt, sie taucht auch tiefer als die anderen Meeresschildkröten und kann dabei extrem lange die Luft anhalten. Aber eins nach dem anderen. Lederschildkröten sind wahre Kosmopoliten, und von allen Reptilien haben sie das größte Verbreitungsgebiet: Es erstreckt sich sich bis nach Alaska und Norwegen im Norden und bis zum Kap Agulhas, dem südlichsten Punkt Afrikas, und der südlichsten Spitze Neuseelands im Süden (siehe Karte am Ende des Kapitels). Sie halten sich vor allem im offenen Ozean auf; die Weibchen kommen nur zur Eiablage zurück an die Strände der Tropen und der Subtropen (siehe Bildteil).

Doch sie unterscheiden sich nicht nur mit Blick auf das Verbreitungsgebiet von den anderen Meeresschildkrötenarten, sondern sie heben sich auch äußerlich von diesen ab. Die Lederschildkröte ist die einzige Meeresschildkrötenart, die keine Schuppen, keinen harten Panzer und auch keine Krallen an den Brustflossen hat. Ihr Name leitet sich von ihrer zähen, gummiartigen Haut ab, die den

Panzer überzieht. Dabei wird die Haut am Rücken durch eine Matrix Tausender winziger Knochenplatten verstärkt, die fast wie ein Puzzle aussehen. Der Panzer ist langgestreckt und nach hinten spitz, tropfenförmig zulaufend. Auf dem blau-schwarzen oder dunkelgrauen Rückenpanzer mit weißen oder rosafarbenen Punkten ziehen vom Nacken bis zum hinteren Teil des Rückens sieben Längskiele. Diese Längskiele, die bei noch jungen Tieren weiß sind, verjüngen sich zu einer stumpfen Spitze, wodurch die Tiere hydrodynamisch sind. Die Vorderflossen der Tiere sind proportional länger als bei den anderen Meeresschildkröten und können bei großen Exemplaren bis zu 2,7 Meter lang werden (siehe Bildteil).

Sowohl der stromlinienförmige Panzer als auch die großen Brustflossen machen die Lederschildkröte zu einer der am besten ausgestatteten Arten für Langstreckenwanderungen. Tatsächlich unternehmen Lederschildkröten die längsten Wanderungen aller Schildkröten und können zwischen Nist- und Nahrungsgebieten Tausende Kilometer pro Strecke zurücklegen. Mithilfe von Satellitentranspondern, mit denen ausgewählte Tiere ausgestattet werden, können Forscher*innen die Wanderrouten der Tiere verfolgen. Eine der bisher längsten dokumentierten Wanderungen von Lederschildkröten betrug 20 558 Kilometern über einen Zeitraum von 647 Tagen. Das Weibchen wurde in Indonesien an ihrem Niststrand mit einem Sender ausgestattet und schwamm über den Pazifik in ihr Futtergebiet vor der Küste Oregons in den USA. Diese Entfernung gehört zu den längsten Wanderungen eines marinen Wirbeltiers zwischen Brut- und Futtergebieten überhaupt!

Bei der Orientierung helfen den Tieren ihre Supersinne, auf die ich im Kapitel »Die Supersinne der Meeresnomaden« noch näher eingehen werde. Zudem haben Lederschildkröten einen unregelmäßig geformten, rosafarbenen Fleck auf der Kopfmitte, dessen genaue Funktion noch nicht ganz klar ist – aber man nimmt an, dass dieser Fleck lichtsensitiv ist und den Tieren zur Orientierung dient. Forscher*innen aus Hawaii und Irland untersuchten den Fleck bei vier toten Lederschildkröten, die an Langleinen verendet waren. Sie fanden heraus, dass die Knochen- und Knorpelschichten unter dem Fleck merklich dünner waren als der Rest des Schildkrötenschädels. Dies erlaubt es dem Sonnenlicht, direkt in die Zirbeldrüse (Epiphyse) zu scheinen, welche die zirkadianen Rhythmen, also die Tagesdauer und den Schlaf-Wach-Rhythmus im Gehirn steuert. Dieser Sonnenlichtdetektor ermöglicht es den Tieren, sich auf Tages-und Jahreszeiten einzustellen und ihr Wanderverhalten entsprechend anzupassen. Übrigens ist dieser Fleck so individuell geformt wie unser Fingerabdruck. Er wird von Wissenschaftler*innen genutzt, um einzelne Tiere zu identifizieren.

Wie alle Meeresschildkröten, so haben auch Lederschildkröten keine Zähne. Stattdessen haben sie zwei spitze Höcker am Oberkiefer und einen am Unterkiefer, mit denen sie ihre schlüpfrige Beute packen können. Es ist schon erstaunlich, dass diese großen Tiere sich von Organismen ernähren, die hauptsächlich aus Wasser bestehen. Dabei ist der Appetit von Lederschildkröten auf Glibber groß: Quallen und andere gelatinöse Wirbellose machen den Hauptteil ihres Speiseplans aus.

Um ihren täglichen Energiebedarf zu decken, müssen erwachsene Lederschildkröten mehr als die Hälfte und Jungtiere mehr als das Doppelte ihres Körpergewichts an Quallen und Co. fressen – pro Tag! Wie aber schaffen sie es, genügend Kalorien zu sich zu nehmen, wo doch gelatinöses Zooplankton einen Wassergehalt von 95 bis 98 Prozent hat und der Nährwert von Quallen mit gerade einmal 0,02 bis 0,04 Kalorien pro Gramm Nassmasse extrem gering ist?

Tatsächlich sind für die ausreichende Nahrungsaufnahme der Lederschildkröten einige anatomische Anpassungen erforderlich: Das Meerwasser aus den Quallen wird bereits in der Speiseröhre abgetrennt und wieder hinausbefördert, während die Papillen dafür sorgen, dass der feste Teil der Beute in Richtung Magen transportiert wird. Zudem geben Lederschildkröten das überschüssige Salz, das sie mit ihrer Nahrung aufnehmen, durch die Salzdrüsen an den Augen wieder ab – und diese Drüsen sind bei ihnen größer als bei den anderen Arten.

Da Lederschildkröten im Vergleich zu den anderen Meeresschildkröten schneller wachsen und an Gewicht zunehmen, müssen sie entsprechend große Mengen an Nahrung zu sich nehmen. Speiseröhre und Magen sind deshalb auch im Vergleich zu den anderen sechs Arten relativ groß. Bis zur Geschlechtsreife, die im Alter zwischen fünf und 15 bis 20 Jahren eintritt, fressen die Tiere um die 300 Tonnen Quallen und Co. Rund 1000 Tonnen sind es über die gesamte Lebenszeit (mehr als 50 Jahre) gerechnet. Mit ihrem enormem Appetit auf Quallen helfen sie, die Populationen des stechenden Glibbers in Schach zu halten.

Wer jetzt gerne mehr über Quallen erfahren möchte, denn das sind ebenfalls sehr faszinierende Tiere, dem empfehle ich das Kapitel »Glibberige Giganten« aus meinem Buch *Das Blaue Wunder*. Um wahre Giganten handelt es sich aber auch bei den Lederschildkröten, denn ausgewachsene

Tiere können zwischen 250 und 900 Kilogramm schwer werden.

Um an Quallen und anderes gelatinöses Zooplankton zu gelangen, tauchen Lederschildkröten ab, wobei die Länge der Tauchgänge für gewöhnlich unter 20 bis 30 Minuten liegt. Die meiste Zeit verbringen die Tiere in den oberen 300 Metern des Ozeans, da sie vor allem dort ihre Nahrung finden. Aber Lederschildkröten sind, wie schon erwähnt, Tiere der Superlative, denn sie bringen es beim Schwimmen auf Spitzengeschwindigkeiten bis zu 35,28 km/h und sind damit die schnellsten Reptilien der Welt! Doch das ist noch nicht alles, denn diese Art kann deutlich tiefer und auch länger tauchen als die anderen Meeresschildkrötenarten. Lederschildkröten sind in der Lage, mehr als 1200 Meter tief zu tauchen und dabei bis zu 85 Minuten unten zu bleiben! Damit zählen sie zu dem exklusiven Club der Tieftauchchampions, dem ansonsten nur noch einige Walarten sowie die See-Elefanten angehören!

Ganz sicher ist sich die Wissenschaft nicht, warum Lederschildkröten in so große Tiefen abtauchen, aber man nimmt an, dass sie auf der Suche nach Beute sein könnten, einen Zufluchtsort vor Räubern suchen oder sich einfach nur orientieren wollen.

Um unbeschadet mit nur einem Atemzug in diese großen Tiefen abzutauchen und den extremen Temperatur- und Druckschwankungen standhalten zu können, bedarf es spezieller Anpassungen bei Lederschildkröten. Denn je tiefer man abtaucht, desto höher der Wasserdruck. Als Faustregel gilt, dass der Wasserdruck alle zehn Meter um ungefähr eine Atmosphäre (bar) zunimmt. In 1000 Meter Tiefe herrscht also der circa 100-fache Druck, verglichen

Taucher 40m

200 m

1000 m

Weißer Hai 1280 m

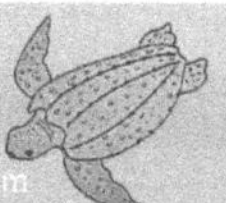

Lederschildkröte 1280 m

Pottwal 2500 m

Cuvier-Schnabelwal 2992 m

Wrack der Titanic 3800 m

4000 m

Anglerfisch 4500 m

6000 m

Der Marianengraben ist mit fast 11000 m die tiefste Stelle des Ozeans, viele der unzähligen Organismen, die dort leben, sind noch völlig unbekannt.

Tiefseequalle 7000 m

mit den Verhältnissen über Wasser, das heißt, auf jedem Quadratzentimeter Haut lasten stolze 100 Kilo! Zum Glück ist der Panzer der Tiere aufgrund seines einzigartigen Aufbaus relativ flexibel, sodass der gesamte Panzer sich dem Druck anpassen kann. Weitere Adaptionen, wie zum Beispiel kollabierbare Lungen und eine verlangsamte Herzfrequenz sowie die Speicherung von Sauerstoff in Blut, Lungen, Muskeln und anderen Körpergeweben, sorgen dafür, dass die Tiere ab- und wieder auftauchen können, ohne Schaden zu nehmen.

Auch die Wärmeregulation der Tiere unterscheidet sich von den anderen Schildkrötenarten. Wie schon erwähnt, sind Reptilien wechselwarm, ihre Körpertemperatur passt sich der Umgebungstemperatur an. Lederschildkröten jedoch, halten ihre Körpertemperatur aktiv höher als die Wassertemperatur: In kaltem Wasser bleibt sie mehr als 8 °C über der Wassertemperatur, in warmem Wasser liegt sie weniger als 4 °C unter der Wassertemperatur. Lederschildkröten werden daher zu den endothermen Tieren gezählt, die ihre Körpertemperatur von innen her regulieren. Bei der Thermoregulation hilft den Tieren neben ihrer Körpergröße und den isolierenden Fettschichten noch eine spezielle Anordnung der Blutgefäße, die wie eine Art Wärmetauschersystem funktionieren. Dieses System, das auch an Land funktioniert, sorgt dafür, dass die Kerntemperatur des Körpers bei Nestbau und Eiablage niedrig gehalten wird und die Tiere bei dieser anstrengenden Arbeit nicht überhitzen.

Weltweit sind mehr als 60 Niststrände bekannt: an den Küsten des Atlantiks, des Indischen Ozeans und des Pazifiks. Dort legen die Weibchen etwa alle zwei bis vier Jahre pro Saison vier bis sieben Gelege an. Wie auch bei den

Wallriffschildkröten ist die Gelegegröße mit 50 bis 70 etwa billardkugelgroßen Eiern im Vergleich mit den anderen Arten relativ klein, die Schlüpflinge sind mit circa 50 Zentimetern Länge aber die größten unter den Meeresschildkröten.

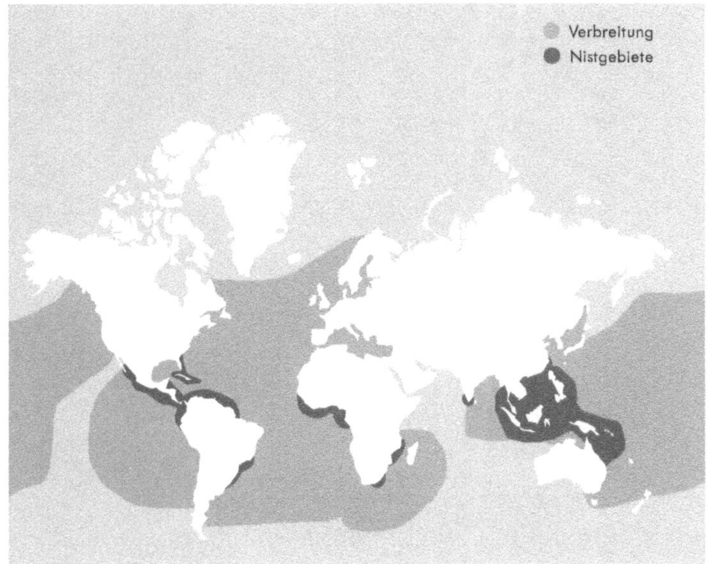

Die nächste Generation

Erreichen Meeresschildkröten ihr fortpflanzungsfähiges Alter, wandern Männchen und Weibchen – nachdem sie sich in ihren küstennahen Jagdgründen ausreichende Ressourcen angefressen haben – zurück in Richtung ihrer Geburtsstrände. Diese Wanderung kann mehrere Monate dauern, da die Entfernung zwischen den Fressgründen und den Nistplätzen Hunderte und sogar Zehntausende Kilometer betragen kann! Die Paarung findet im Wasser in der Nähe dieser Strände oder auf den Wanderrouten der Tiere statt, wo sich sowohl die Männchen als auch die Weibchen sich mit mehreren Partner*innen paaren. Während die Weibchen zur Eiablage an Land gehen, verlassen die Männchen das Wasser nicht mehr und machen sich nach der Paarungssaison wieder auf ihre kilometerlange Reise zurück in ihre Fressgründe. Die Weibchen bleiben während der gesamten Nistsaison in der Nähe der Strände, da sie über ein bis zwei Monate mehrere Nester anlegen. Erst danach treten sie ihre lange Rückreise an.

Wie alle anderen Schildkröten und die meisten Reptilienarten sind auch Meeresschildkröten ovipar (lateinisch *oviparus* = »eigeboren«), also eierlegend. Und auch

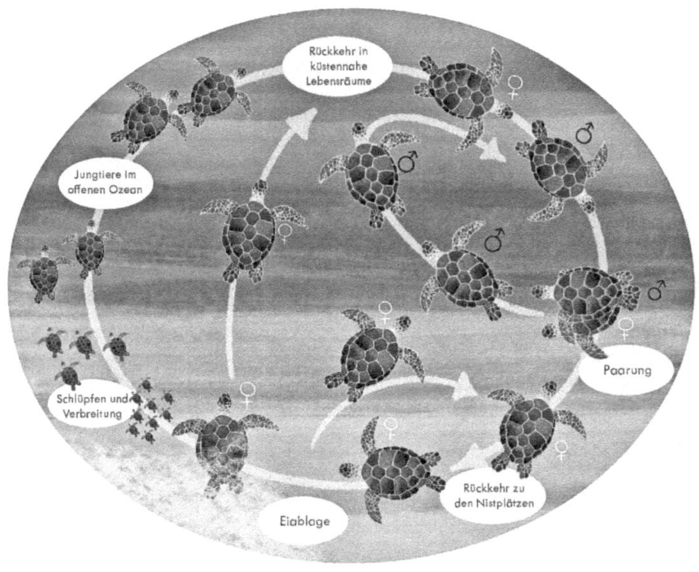

Lebenszyklus

hier, bei der Eiablage und Entwicklung der kleinen Meeresschildkröten, haben die Tiere einige Überraschungen parat.

Spuren im Sand

Das Erste, was einem auffällt, sind die Spuren im Sand – dort, wo das Weibchen seinen Körper mühsam vom Wasser den Strand hinaufgeschoben hat (siehe Bildteil). Der Abdruck, den Flossen, Bauchpanzer und Schwanz im Sand hinterlassen, ist individuell, und man kann die Arten anhand dieser Spuren unterscheiden. Grüne Meeresschildkröten zum Beispiel ziehen sich mit den Vorderflossen durch den Sand. Dabei bewegen sie beide Flossen gleichzeitig nach vorne und hinterlassen so parallele Abdrücke, die wie Spuren von Panzer- oder Planierraupen aussehen. Mittig zwischen diesen horizontalen Flossenabdrücken zieht sich eine vertikale Linie: die Schleifspur des Schwanzes. Die Spuren Unechter Karettschildkröten sehen vollkommen anders aus, da Unechte Karettschildkröten ihre Vorderflossen abwechselnd bewegen. Diese Bewegung erinnert an die von Soldaten, die bäuchlings auf dem Boden vorwärtsrobben, da erst die eine und dann die andere Vorderflosse bewegt wird. Auch sind die Flossen im Verhältnis zu dem Körper der Tiere kürzer als bei den anderen Arten. Die Art der Fortbewegung und die Größe der Flossen führen dazu, dass die Weibchen Unechter Karettschildkröten kommaförmige Spuren im Sand hinterlassen, die schräg zueinander ausgerichtet sind. Die vertikale Spur in der Mitte der Flossenabdrücke ist, durch das Schleifen des Brustpanzers, meist glatt mit einer mittigen Schleifspur des Schwanzes.

Die Weibchen kehren übrigens stets an die Strände zurück, an denen sie Jahre zuvor selber geschlüpft sind. Wie genau sie es schaffen, ihren Heimatstrand wiederzufinden, wird im Kapitel »Die Supersinne der Meeresnomaden« erklärt.

Folgt man nun leise und vorsichtig diesen Spuren und wird man am Ende mit dem Anblick eines Weibchens belohnt, das in der Dunkelheit der Nacht sein Nest gräbt, gehört das wohl zu den Ereignissen im Leben, die man so schnell nicht wieder vergisst. Der Bau des Nestes geschieht bei

Nestbau

den meisten Arten vor allem deshalb in Dunkelheit, da es tagsüber zu warm und gefährlich ist; außerdem sind die Chancen so größer, dass tierische und menschliche Nesträuber die Gelege nicht finden. Die Nester werden für gewöhnlich oberhalb der Hochwasserlinie angelegt, damit die Eier sicher vor den Wellen sind.

Bevor die Weibchen mit der eigentlichen Arbeit anfangen, wird die Stelle mit den Flossen von Vegetation und Geröll befreit. Dann wedeln sie mit den Vorderflossen zunächst eine flache Vertiefung in den Sand, wobei der Sand nach allen Seiten spritzt. Erst danach schaufeln die Weibchen unter lautem Schnaufen mit ihren Hinterflossen ein kleineres, bis zu 70 Zentimeter tiefes Loch, in welches die Eier gelegt werden. Diese werden unter großer Anstrengung aus der Kloake, dem gemeinsamen Körperausgang für Verdauungs-, Exkretions- und Geschlechtsorgane, hinausgepresst. Das Graben der Sandgrube ist für die Tiere Schwerstarbeit und dauert mehrere Stunden. Es ist absolut faszinierend zu sehen, wie sie abwechselnd erst mit der einen und dann mit der anderen Hinterflosse den Sand aus der Grube heben, denn die Technik erinnert an Hände, die Wasser schöpfen.

Ist die Grube tief genug, legt das Weibchen, mit Abweichungen je nach Art, etwa 50 bis 100 oder mehr golfballgroße Eier in die Grube. Die cremefarbenen Eier haben eine weiche ledrige Schale und sind mit einer Flüssigkeit bedeckt, die zum Schutz vor Bakterien und Pilzinfektionen dient (siehe Bildteil).

Nach der Eiablage wird das Nest wieder sorgfältig mit Sand bedeckt und sich selbst überlassen – das Weibchen kriecht mit letzter Kraft zurück ins Meer. Eine Studie der Universität Glasgow hat herausgefunden, dass die Weibchen von Echten Karett- und von Lederschildkröten zusätzlich zu ihren eigentlichen Nestern noch eine Reihe von Nest-Attrappen abseits des eigentlichen Nests anlegen. Diese Attrappen sollen Räuber von den Eiern ablenken und so das Überleben ihrer Nachkommen erhöhen.

Eiablage

Während der nächsten zwei Monate entwickeln sich die Jungtiere in den Eiern. Diese können übrigens verschiedene Väter haben, da die Weibchen von mehreren Männchen befruchtet werden können. Eine weitere Besonderheit ist die Geschlechtergebung. Während bei den meisten Wirbeltieren wie bei uns Menschen bestimmte Chromosomen (XX bei Frauen und XY bei Männern) für das Geschlecht verantwortlich sind, fehlen diese bei Meeresschildkröten. Hier ist ein ganz anderer Faktor ausschlaggebend: die Temperatur. Das Geschlecht der Tiere wird im mittleren Drittel der Embryonalentwicklung bestimmt. Liegt die Temperatur zwischen 28 °C und 31 °C, ergibt sich im Gelege ein ausgewogenes Geschlechterverhältnis. Bei Temperaturen bei und unterhalb von 28 °C entwickeln sich Männchen, bei Temperaturen ab 31 °C Weibchen (mit leichten Temperaturabweichungen zwischen den verschiedenen Populationen und den einzelnen Arten). Eine nur geringfügige Temperaturänderung von 0,5 °C kann das Geschlechterverhältnis der Nachkommen in einem Gelege von 1:1 auf 1:0 verändern!

Das Nest, in dem die Eier liegen, arbeitet dabei wie ein Inkubator und die Temperaturen, denen die Meeresschildkrötenembryos ausgesetzt sind, werden durch eine Reihe von Faktoren bestimmt: der Temperatur des Sandes, der die Nestkammer umgibt, und der Lufttemperatur, welche wiederum die Temperatur des Sandes beeinflusst. Die Nesttiefe, die Entfernung zum Meer, schattenspendende Vegetation, die Reflexion des Sandes und dessen Wärmeleitfähigkeit spielen ebenfalls eine Rolle. Zudem produzieren die sich entwickelnden Embryos noch ihr eigenes Mikroklima, da durch ihre Stoffwechselprozesse Wärme entsteht. Der Zerfall von organischem Material trägt ebenfalls geringfügig zur Wärmebildung innerhalb des Nests bei.

Innerhalb des letzten Drittels der Embryonalentwicklung erhöht die Stoffwechselwärme die Temperatur der Nester deutlich, sodass diese über der Temperatur des umgebenden Sandes liegt – im Durchschnitt etwa 2,5 °C höher. Auch innerhalb der Eier variiert die Temperatur: Eier in der Mitte des Nestes sind wärmer und werden daher mit größerer Wahrscheinlichkeit zu Weibchen, während Eier am Rand des Geleges kühler sind und sich eher zu Männchen entwickeln. Das heißt also, dass die Eier, die zu Anfang und Schluss im Nest landen, sich wahrscheinlich zu Männchen entwickeln. Als wäre das noch nicht kompliziert genug, kann ein vorbeiziehender Sturm mit Regen das Nest abkühlen und so die Geschlechtsgebung beeinflussen. Passiert das ausgerechnet im mittleren Drittel der Inkubation, also zur kritischen Zeit der Geschlechterbestimmung, so kann es sein, dass sich in einem bestimmten Gelege nur Männchen entwickeln. Diese temperaturbedingte Abhängigkeit der Geschlechterratio kann den Tieren bei einem sich verändernden Klima zum Verhängnis werden. Doch dazu mehr im Kapitel »Zu warm. Zu weiblich?«.

Wurden die Nester nicht von Nesträubern geplündert, von den Wellen davongespült oder die Eier durch bakterielle oder Pilzinfektionen zerstört, schlüpfen nach rund 60 Tagen die jungen Meeresschildkröten und starten ihr Leben. Und das tun sie in einer Welt voller Gefahren. Man geht davon aus, dass von 1000 geschlüpften Jungtieren nur etwa eine Schildkröte bis zur Geschlechtsreife überleben wird.

An dieser Stelle noch eine Bitte an diejenigen, die den Nestbau von Schildkröten oder das Schlüpfen von Jungtieren beobachten: Es ist überlebenswichtig für die Tiere, dass Sie sich an gewisse Regeln halten. Die Organisation *Olive Ridley Project* empfiehlt beim Beobachten von schlüpfenden Jungtieren auf ihrer Website (https://oliveridleyproject.org/wp-content/uploads/2021/09/Nesting_Beach_Code-of-Conduct_Olive-Ridley_Project.pdf):

1. Alle Lichter ausschalten, inklusive des Blitzes von Mobiltelefon oder Fotoapparat.
2. Die Tiere nicht anfassen.
3. Mindestens zwei Meter Abstand halten.
4. Die kleinen Meeresschildkröten selber ihren Weg ins Meer finden lassen, damit sie sich den Standort einprägen können.
5. Die Tiere nicht einzufangen.

Ähnliches gilt für die nistenden Weibchen:

1. Distanz zum Tier zu wahren.
2. Immer hinter dem Weibchen und außerhalb ihres Sichtfeldes bleiben.
3. Kein Licht zu benutzen.
4. Absolut ruhig sein.
5. Die Tiere und die Eier nicht anfassen.

Halten Sie sich an die Regeln, dann steht diesem einmaligen Erlebnis nichts im Weg.

Die verlorenen Jahre

Das Leben jeder kleinen Meeresschildkröte beginnt mit Schwerstarbeit, denn sie muss sich nicht nur aus ihrem Ei befreien, sondern sich auch noch an die Oberfläche des Nestes graben und es dann ins Meer schaffen. Meeresschildkröten haben ja, wie schon erwähnt, keine Zähne – mit einer Ausnahme: Damit die Jungtiere die ledrige Eischale aufbrechen können, werden sie mit einem einzigen Zahn geboren. Der Eizahn (auch Karunkel genannt) befindet sich an der Vorderseite des Oberkiefers und sieht aus wie ein kleiner Pickel auf der Oberlippe. Dabei handelt es sich aber nicht um einen echten Zahn, sondern um eine modifizierte Schuppe, die nach einigen Wochen abfällt. Hat sich eine kleine Schildkröte aus dem Ei befreit, ermutigt das ihre Geschwister im Nest, es ihr gleichzutun.

Nachdem sie sich aus dem Ei gepellt haben, absorbieren die Jungtiere erst einmal den Rest des Dottersacks, um Kraft für die bevorstehende Reise zu gewinnen. Während dieser Ruheperiode begradigt sich auch der noch weiche Brustpanzer. Dann, wie auf Knopfdruck, beginnen die Schlüpflinge sich chaotisch und hektisch, wie im Rausch, nach oben zur Oberfläche zu graben. Dabei häuft sich der von oben herabfallende Sand unten im Nest immer weiter an, sodass die Tiere sich quasi ihren eigenen Lift in die Freiheit bauen. Das geschieht meist kurz nach Sonnenuntergang, da es tagsüber zu warm und noch gefährlicher wäre. Ploppen die ersten Köpfchen aus dem Sand, heißt es für die Kleinen schnell sein, denn auch bei Dunkelheit ist der Strand voller hungriger Mäuler. Neben Wildhunden und Kojoten finden auch Echsen und Geisterkrabben Geschmack an den frisch geschlüpften und nahrhaften Meeresschildkrötenbabys.

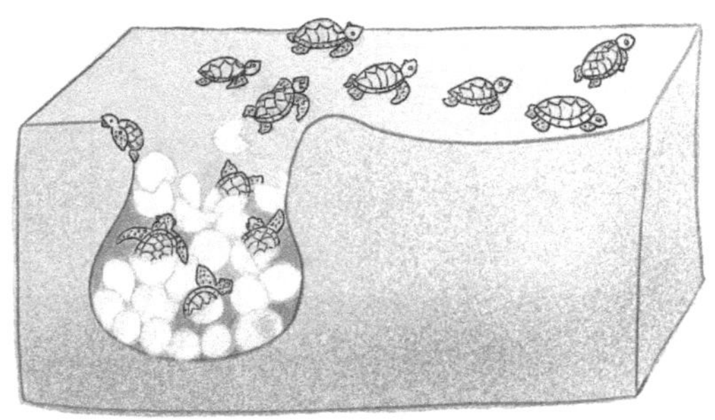

Längsschnitt durch ein Nest schlüpfender Meeresschildkröten.

Der Weg zur Wasserlinie kann dabei ziemlich lang und beschwerlich sein, je nach Lage des Nestes, des Wasserstandes (Hoch- oder Niedrigwasser) und im Weg liegender Objekte wie Strandgut wie zum Beispiel Plastikmüll oder auch Sonnenliegen (siehe Bildteil). Um aber überhaupt das Meer zu finden, orientieren sich die kleinen Reptilien an der Helligkeit, die an natürlichen, unentwickelten Stränden zum offenen Meer führt. Auch die leichte Neigung zur Wasserlinie hinunter sowie das Geräusch der Wellen leiten die Tiere in die richtige Richtung.

Die Jungtiere, die es geschafft haben den hungrigen Mäulern an Land zu entkommen, müssen es jetzt auch noch schaffen, ihren Fressfeinden im Meer zu entgehen. Denn sie stehen auf dem Speiseplan von Seevögeln, Tintenfischen, Haien und anderen großen Fischen. Erst dann befinden sie sich in relativer Sicherheit, wenn sie sich weit von den Küsten entfernt haben und sich von den Meeresströmungen in den offenen Ozean haben tragen lassen.

Wo genau die kleinen Meeresschildkröten die nächsten Jahre verbleiben und heranwachsen, ist allerdings noch nicht abschließend geklärt. Die Wissenschaft spricht deshalb von den *lost years*, also den »verlorenen Jahren«. Am meisten ist bisher über die Wanderungen der Unechten Karettschildkröte bekannt, vor allem von der Population in Florida. Nachdem die kleinen Karettschildkröten es aus dem Nest zum Meeressaum geschafft haben, ins Wasser eingetaucht sind und sich, so schnell es ihre kleinen Flossen erlauben, von der Küste wegbewegen, schwimmen sie mehrere Tage und Nächte ohne Unterlass in Richtung Golfstrom. Der Golfstrom, beziehungsweise das Golfstromsystem, ist Teil einer riesigen, weltumspannenden Umwälzbewegung des Meerwassers, thermohaline Zirkulation oder auch marines Förderband genannt, welches den Atlantik, den Pazifik und den Indischen Ozean miteinander verbindet. Der Golfstrom selber ist eine schnell fließende warme Oberflächenströmung im Atlantischen Ozean mit durchschnittlich 26 °C Wassertemperatur. Dieser warme Strom, welcher an der wärmsten Stelle Temperaturen von bis zu 30 °C erreichen kann, transportiert von der Karibik bis nach Nordeuropa mehr Wasser als alle Flüsse der Welt zusammen! Ganz West- und Nordeuropa verdankt dieser Warmwasserströmung das gemäßigte Klima im Vergleich zu anderen Gebieten mit gleicher geografischer Breite. Tatsächlich wäre es ohne den Wärme transportierenden Golfstrom bei uns im Schnitt 5 bis 10 °C kälter!

Kommen die kleinen Meeresschildkröten nun im Golfstrom an, können sie sich endlich etwas ausruhen und sich mit dem warmem Wasser Richtung Sargassosee treiben lassen, wo sie die nächsten Jahre verbringen.

Die Sargassosee ist ein ganz besonderes Meeresgebiet, denn während alle anderen Meere auf der Welt zumindest teilweise durch Ländergrenzen definiert sind, wird die Sargassosee durch Meeresströmungen begrenzt: Der Golfstrom bildet die nordwestliche Grenze, während die See im Norden durch den Nordatlantikstrom, im Osten durch den Kanarenstrom und im Süden durch den Nordatlantischen Äquatorialstrom begrenzt wird. Inmitten dieses riesigen Wasserwirbels, dem *Northern Atlantic Subtropical Gyre* kreiselt die relativ ruhige Sargassosee quasi als »Meer im Meer«.

Es gibt aber noch einen anderen Faktor, der die Grenzen dieses Meergebietes definiert und das ist die namensgebende Braunalge *Sargassum,* auch Golftang genannt. Diese bildet dichte, floßähnliche Matten, die auf der Wasseroberfläche schwimmen (siehe Bildteil).

Die genaue Größe der Sargassosee ist schwer zu bestimmen, da die Grenzen dynamisch sind. Zudem gibt es saisonale Schwankungen der Algen-Biomasse, die sich je nach Jahreszeit ausbreitet oder schrumpft. Schon 1492 berichtete Christoph Kolumbus über die schwimmenden Braunalgen, von denen in der Sargassosee hauptsächlich zwei Arten vorkommen: *Sargassum natans* und *Sargassum fluitans*. Die Algen sind etwa 40 bis 100 Zentimeter lang, bräunlichgelb und fühlen sich fest und etwas

schleimig an. Sie sind verzweigt und erinnern in ihrer Form an kleine Sträucher, die runde Früchte tragen. Nur sind das keine Früchte, sondern luftgefüllte Blasen, Pneumatocysten genannt, welche im Gewebe eingebettet sind. Diese Blasen sind die Auftriebskörper der Algen und sorgen dafür, dass sie auf der Wasseroberfläche schwimmen. Dort vermehren sie sich auch, ganz im Gegensatz zu anderen *Sargassum*-Arten, die dafür Bodengrund brauchen.

Dieses dichte Algengeflecht aus *Sargassum* ist Lebensraum, Laichgebiet und Nahrungsgrundlage für eine erstaunliche Vielfalt an Meeresorganismen. Im dichten Algengeflecht tummeln sich an die 120 Arten wirbelloser Tiere wie Garnelen und Krebse, dazu noch eine ähnliche Anzahl an Fischarten, die sich diesem speziellen Lebensraum angepasst haben. Wegen ihrer Artenvielfalt wird die Sargassosee auch als »goldener schwimmender Regenwald des Atlantiks« bezeichnet. Sie ist auch Zufluchtsort und Nahrungsreservoir für wandernde Tiere wie junge Meeresschildkröten sowie Thunfische, Vögel und Buckelwale, die jährlich durch das Gebiet ziehen. Zudem ist sie ein Laichgebiet für stark gefährdete beziehungsweise vom Aussterben bedrohte Arten wie den Amerikanischen und den Europäische Aal – letzterem habe ich das Kapitel »Wanderlustige Flossentiere« in meinem ersten Buch gewidmet.

So lebenswichtig die *Sargassum*-Algen mitten im Nordatlantik auch sind, so lebensbedrohlich können sie für küstennahe Ökosysteme und Strände sein. Gerade in den letzten Jahren kommt es vermehrt zu Algenblüten, die sich als Massenansammlung von *Sargassum* vor allem an den Küsten der karibischen Inseln und an den Stränden Floridas und Mexikos anhäufen. Diese oft meterhohen und kompakten Fluten von Algen sehen nicht nur unschön aus und stinken, sie bringen auch eine Menge anderer Probleme mit sich. Davon konnten wir uns 2015 während unserer Aquapower-Expedition (mehr dazu im Kapitel »Von Plastik-Quellen und Plastik-Quallen«) in Guadeloupe, einem französischen Überseedépartement im südlichen Karibischen Meer und die größte Insel der Kleinen Antillen, selber überzeugen. Viele der dortigen Strände waren unter der angespülten Algenmasse kaum noch zu sehen, und Boote konnten die Häfen, in denen sich die Algen ebenfalls massenweise ansammelten, nicht mehr verlassen. Kam der Wind vom Meer, fiel einem der stechende Geruch schon dann auf, wenn der Strand noch nicht einmal in Sicht war. Denn werden die *Sargassum*-Algen an den Strand gespült, so fangen sie an zu verrotten. Dabei entsteht Schwefelwasserstoff – ein Gas, das nach faulen Eiern riecht.

Geruch und unappetitliches Aussehen schaden nicht nur der Wirtschaft (kein Tourist watet gerne durch eine schleimige und stinkende Masse ins Meer), sondern auch der Gesundheit. Das Gas mit dem so typischen Geruch kann zu Schleimhautreizungen wie Kribbeln in Augen, Nase und Rachen, Husten, Niesen und vermehrter Tränenproduktion führen. Bei einer akuten Exposition des Gases kann es aber auch zu neurologischen Problemen, Verdauungs- und Atemwegserkrankungen bis hin zu Koma und Herz-Lungen-Stillstand kommen. Auch ist das Aufräumen der Strände zeitaufwendig und kostenintensiv – vor allem, da es mittlerweile regelmäßig zu diesen Algenblüten kommt.

Forscher*innen der University of South Florida haben Satellitendaten von 19 Jahren analysiert und herausgefunden, dass seit 2011 die *Sargassum*-Blüte jährlich auftritt und immer stärker wird. Das *Sargassum*-Überwachungssystem (Sargassum Watch System-SaWS: https://optics.marine.usf.edu/projects/saws.html) der Universität von Südflorida – ein auf Satellitenbildern basierendes Modell – dient als Frühwarnsystem für *Sargassum*-Blüten. Die von den Forscher*innen analysierten Satellitenbilder zeigten auch, dass im Sommer 2018 die größte jemals aufgezeichnete Algenblüte stattfand: Bis zu 8850 Kilometer, von den Küsten Westafrikas bis zum Golf von Mexiko, erstreckte sich ein Gürtel aus *Sargassum*-Algen, der im Englischen als *The Great Atlantic Sargassum Belt* bezeichnet wird. Die Forscher*innen schätzten die Masse der braunen Flut auf mehr als 20 Millionen Tonnen! Zum Vergleich: Das größte Tier auf unserem Planeten, welches jemals gelebt hat und heute noch lebt, der Blauwal (*Balaenoptera musculus*), kann mit einer Körperlänge von bis zu 33 Metern ein Gewicht von knapp 200 Tonnen erreichen. Zwanzig Millionen Tonnen Algen entsprechen also in etwa dem Gewicht von 100 000 Blauwalen! Aufgrund der Algenblüte musste im Jahr 2018 auf Barbados, einem Inselstaat südlich von Guadeloupe und Teil der Kleinen Antillen, sogar der nationale Notstand ausgerufen werden, denn die Küsten verschwanden unter Bergen von *Sargassum*. Allein im Jahr 2018 kostete die Säuberung der Strände in der Karibik stolze 120 Millionen US-Dollar – ohne Berücksichtigung der verlorenen Einnahmen durch den ausgebliebenen Tourismus!

Über die Gründe der in Massen auftretenden Algen wird viel diskutiert. Mögliche Ursachen könnten hohe

Nährstoffeinträge durch die Landwirtschaft, welche unter anderem aus dem Amazonasbecken in Meer gespült werden und das Wachstum der Algen begünstigen, ein Düngeeffekt des Saharastaubes über dem Mittelatlantik sowie die Auswirkungen des Klimawandels sein.

Die sich im Küstenbereich auftürmenden Algenmatten, der neue »Fluch der Karibik«, machen aber nicht nur den Menschen, sondern auch den Tieren zu schaffen. Im dicht verfilzten Gestrüpp der Algen verfangen sich Meeressäuger und Meeresschildkröten und können sich nicht mehr daraus befreien (siehe Bildteil). Auch hindert es Letztere während ihrer Nistsaison, die Strände zur Eiablage zu erreichen. Ein weiteres Problem stellen die Algen für das Ausbrüten der Eier dar, da sie eine Erwärmung der Nester durch direktes Sonnenlicht verhindern. Das wiederum kann dann zu einer Verschiebung des Geschlechterverhältnisses hin zu mehr Männchen führen. Schlüpfen die Jungtiere, haben diese große Probleme, das Meer zu erreichen, denn die meterhohe Algenmasse versperrt den Zugang zum Wasser. Werden die Strände aber von den Algen gesäubert, können durch den Einsatz von Räumfahrzeugen die schon angelegten Nester zerstört und die gesamte Brut getötet werden.

Ich möchte hier nicht den Eindruck vermitteln, dass Algen per se schlecht sind, denn das ist nicht der Fall. Sie erfüllen vitale Rollen in verschiedenen Ökosystemen – aber zu viel des Guten ist nun mal schädlich. Werden Algen in normalen Mengen an die Strände gespült, erfüllen sie aber wichtige

Aufgaben, denn sie können zur Stabilisierung gegen Erosion beitragen: Wenn sie verrotten, transportieren sie Nährstoffe aus dem Meer in terrestrische Ökosysteme, was das Wachstums der Pflanzen fördert, die den Sand und somit auch die Nester von Meeresschildkröten stabilisieren.

Sind die Nester aber nicht unter Algen begraben und haben die kleinen Meeresschildkröten es in die Sargassosee geschafft, verschwinden sie quasi vom Radar der Wissenschaft und tauchen erst Jahre später wieder auf. Mithilfe von solarbetriebenen Satellitensendern gelang es Forschenden in den USA vor einigen Jahren jedoch, erste Einblicke in die Wanderungen junger Unechter Karettschildkröten zu bekommen. Sie sammelten 17 frisch geschlüpfte, etwa drei bis vier Zentimeter große Tiere von Stränden im Südosten Floridas. Damit sie die Transmitter überhaupt auf den Tieren anbringen konnten, mussten sie die Schildkröten für drei bis neun Monate im Labor aufziehen. Sobald die Tiere groß genug waren, bestückten die Wissenschaftler*innen die Tiere mit Sendern von der Größe einer AA-Batterie, die mit Nagellack auf ihre Rückenpanzer geklebt wurden, und entließen sie von einem Boot knapp 20 Kilometer vor der Küste Floridas in den Golfstrom. Einige der Sender funkten die Bewegungsdaten nur für 27 Tage, während andere Sender 220 Tage lang Daten sendeten, bevor sie von den Rückenpanzern abfielen. Während dieser Zeit schwamm eine der kleinen Meeresschildkröten 4300 Kilometer weit und erreichte nach 219 Tagen einen Punkt westlich der Azoren!

Die Ergebnisse der Studie untermauerten die Vermutung, dass die Jungtiere sich von den Küstengewässern fernhalten und sich schnell in den Strömungen des Nordatlantikwirbels bewegen. Wie erwartet, wanderten die

Tiere mit dem Golfstrom nach Norden, bevor die meisten um Kap Hatteras in North Carolina nach Osten abbogen. Dabei steuerten sie aber nicht zielstrebig Richtung Azoren, sondern sie umschwammen kältere Gebiete. Um sich warm zu halten, hielten sich die Tiere die meiste Zeit an der Wasseroberfläche auf. Sieben der mit Sendern bestückten Tiere wanderten in die Sargassosee. Dort fanden sie zwischen den schwimmenden Algenmatten ein reiches Nahrungsangebot, Schutz vor Raubtieren und optimale Temperaturen: Mithilfe der gesendeten Daten konnte nachgewiesen werden, dass die dunklen Algen die Wärme der Sonne absorbieren, denn die Temperaturen um die Schildkrötenpanzer herum waren 4 °C bis 6 °C wärmer als erwartet. Dies könnte ein Grund sein, warum die Schildkröten Zuflucht in den *Sargassum*-Matten suchen.

Eine zweite Studie desselben Teams um die Meeresbiologin Katherine Mansfield, erschienen im Jahr 2021, belegt, dass auch junge Grüne Meeresschildkröten in die Sargassosee wandern. Die Forscher*innen statteten 21 junge Schildkröten, die sie zuvor an der Südostküste Floridas eingesammelt und dann einige Monate im Labor aufgezogen hatten, ebenfalls mit kleinen Sendern aus und entließen sie in den Westatlantik. Laut dem Team war es das erste Mal, dass Grüne Meeresschildkröten dieses Alters und dieser Größe mit Sendern ausgestattet werden konnten, da die Sender in der Vergangenheit viel zu groß und schwer waren.

Im Durchschnitt verblieben die Sender 66 Tage lang an den Tieren, einige mehr als 100, und ein Sender fiel erst nach 152 Tagen ab. Ähnlich wie die jungen Unechten Karettschildkröten, hielten sich die Grünen Meeresschildkröten ebenfalls an der Wasseroberfläche auf und ließen sich erst mit dem Golfstrom in Richtung Norden treiben, aus dem 14 Tiere jedoch früher als die Unechten Karettschildkröten und viel gezielter als diese in die Sargassosee ausscherten.

Die Ergebnisse der beiden Studien zeigen, da sind sich die Forschenden sicher, dass die Sargassosee ein wichtiger Lebensraum für junge Meeresschildkröten ist. Dieser Kindergarten im Meer bietet Schutz, Nahrung und optimale Temperaturen, was es den Tieren ermöglicht, schneller als in kälteren Gebieten an Gewicht und Größe zuzunehmen. Wie lange die Tiere aber in der Sargassosee bleiben, ist immer noch ein Rätsel. Experten schätzen, dass sich die Tiere zwei bis drei Jahre dort aufhalten; Studien, die das sicher belegen, gibt es aber noch nicht.

Machen sich die Tiere wieder auf die Wanderung, passieren sie mit den Meeresströmungen die Azoren und schwimmen anschließend in Richtung der Kanarischen Inseln. Von dort aus geht es dann weiter in Richtung Kapverden und der Westküste Afrikas, bevor sie sich wieder nach Westen orientieren, um über die Karibik an der Ostküste der Vereinigten Staaten anzukommen (siehe Grafik im vorderen Einband).

Meeresschildkröten kommen erst wieder in Küstennähe, wenn sie eine gewisse Größe erreicht haben, da sie dann schneller sind und nicht mehr so leicht gefressen werden. Denn gerade in den küstennahen Fressgründen der Tiere halten sich viele für die Meeresschildkröten gefährliche Räuber auf. Die Reise entlang des Nordatlantischen Strudels zurück an die Küsten der USA dauert bei den meisten mehrere Jahre. Kommen die Tiere an den Küsten an, bleiben sie bis zur Geschlechtsreife dort, und der Zyklus beginnt von Neuem.

Das Mysterium um die verlorenen Jahre erscheint also inzwischen nicht mehr ganz so mysteriös, wenigsten für junge Grüne Meeresschildkröten und Unechte Karettschildkröten. Bei den anderen Arten tappt die Wissenschaft aber leider noch weitestgehend im Dunkeln. Von den Echten Karettschildkröten weiß man, dass auch hier die frisch geschlüpften Schildkröten Schutz in den Algen suchen, aber schon nach ein bis drei Jahren wieder in Korallenriffen anzutreffen sind. Junge Lederschildkröten schwimmen nach dem Schlüpfen mindestens sechs Tage lang, bis sie den offenen Ozean erreichen, und verschwinden dann für mehrere Jahre von der Bildfläche. Wo sie sich während dieser Zeit aufhalten und was sie machen, ist ein noch ungelöstes Rätsel. Dasselbe gilt für junge Wallriffschildkröten: Niemand kann genau sagen, wo sie ihre Kinderjahre verbringen.

Es gibt also noch sehr viele unbeantwortete Fragen in der Meeresschildkröten-Forschung, und eine der wohl spannendsten beschäftigt sich mit der Orientierung der Tiere: Wie schaffen sie es, sich in den unendlichen Weiten der Ozeane nicht zu verschwimmen und den Weg über Tausende von Kilometern von ihren Fressgründen zurück zu ihren Geburtsstränden zu finden? Auch hier enttäuschen Meeresschildkröten nicht, denn sie besitzen regelrechte Supersinne, mit deren Hilfe sie sich orientieren.

Die Supersinne der Meeresnomaden

Wenn wir von Superkräften sprechen, kommen den meisten von uns sicher fiktive Comic-Superheld*innen wie *Wonder Woman* und *Superman* in den Sinn. Dass es aber auch in der Realität Lebewesen mit wahren Superkräften gibt, wissen die wenigsten.

Der Waldfrosch, *Lithobates sylvaticus*, eine in Nordamerika beheimatete Amphibienart, erstarrt bei Minustemperaturen quasi zu Eis. Während dieser Kältestarre hören die Organe des Frosches auf zu arbeiten; Atmung, Herzschlag und Hirnfunktion setzen aus. Damit die Eiskristalle, die sich in den Zellen bilden, keinen Schaden anrichten, produziert der Frosch sein eigenes Frostschutzmittel aus Glukose und Harnstoff. So können die Tiere Temperaturen bis zu minus 20 °C überleben! Steigen die Temperaturen im Frühling wieder an, tauen die Tiere, die auch Eisfrösche genannt werden, wieder auf und erwachen zu neuem Leben.

Ein anderes zu den Amphibien gehörendes und mit Superkräften ausgestattetes Tier ist ein Molch. Der Axolotl, *Ambystoma mexicanum,* ist ein mexikanischer, im Süßwasser lebender Schwanzlurch, der sein gesamtes Leben im Larvenstadium verbringt und sich dennoch fortpflanzen kann. Das Erstaunlichste ist aber, dass er bei Verletzungen in der Lage ist, vollständige und funktionstüchtige Gliedmaßen, Organe und sogar Teile des Gehirns nachwachsen zu lassen! Diese Eigenschaften möchte sich die Wissenschaft zunutze machen; vielleicht werden wir irgendwann in der Zukunft in der Lage sein, ganz nach Axolotl-Art unsere Gliedmaßen nachwachsen zu lassen.

Meeresschildkröten können zwar weder ihre Gliedmaßen nachwachsen lassen noch zu Eis erstarren, aber ihre

Fähigkeiten sind nicht minder beeindruckend. Ihre Superkraft ist ihr Magnetsinn, quasi ein Schildkröten-GPS, mit dem sie sich ohne sichtbare Orientierungspunkte im weiten Blau der Ozeane am Magnetfeld der Erde orientieren können.

Wir Menschen orientieren uns ja heutzutage weitgehend am geografischen Nord- und Südpol und mittels dem *Global Positioning System* (GPS). Noch Anfang des 20. Jahrhunderts war jedoch der magnetische Nordpol der Orientierungspunkt auf hoher See und in Gegenden ohne Landmarken. Das Magnetfeld, das die magnetischen Pole entstehen lässt, umgibt die Erde komplett. Es wird durch gewaltige Ströme aus geschmolzenem Eisen erzeugt, die sich tief im Erdinneren – im äußeren Erdkern – bewegen. Es schützt uns unter anderem vor Sonnenwinden, also vor geladene Teilchen aus dem All. Die Stärke und Richtung des Magnetfelds wird mit den magnetischen Feldlinien beschrieben, entlang derer sich Eisenpartikel ausrichten. Vereinfacht kann man die Verteilung des Magnetfelds der Erde mit einem Stabmagneten vergleichen, wobei die Feldstärke an den beiden Enden (Nord- und Südpol) stärker ist und zur Stabmitte hin (Äquator) abnimmt. Im Gegensatz zum Stabmagneten ist das Erdmagnetfeld aber kein statisches Gebilde, sondern es variiert auch durch die Zusammensetzung der Erdkruste und über die Zeit. So wandert der magnetische Nordpol jedes Jahr um etwa 60 Kilometer. Betrachtet man geologische Zeitskalen, so haben sich die magnetischen Pole schon oft komplett umgekehrt. Kleinere Veränderungen im Erdmagnetfeld können zum Beispiel auch durch tektonische Plattenverschiebungen hervorgerufen werden, welche die Ströme aus Eisen im äußeren Erdkern verändern. Deshalb fallen

-üne Meeresschildkröte von Tinga Giri

Gut getarnte Grüne Meeresschildkröte in einem Korallenriff, D'Arros, Seychellen

Mikroplastik aus den Gewässern der Bermudas

Tote juvenile Meeresschildkröte aus den Algenmatten an einem Strand, Guadeloupe

: sucht im Algengeflecht nach Kleinstlebewesen

: entlässt eine gerettete Oliv-Bastardschildkröte wieder ins Meer, Malediven

Anemonenfische in Yanbu, Saudi-Arabien

nde Echte Karettschildkröte, Malediven

Fressende Grüne Meeresschildkröte

Gehirnkoralle, Guadeloupe

;chutzhund Kelo in Aktion, Kapverden

;chutzhündin Karetta bei der Arbeit, Kapverden

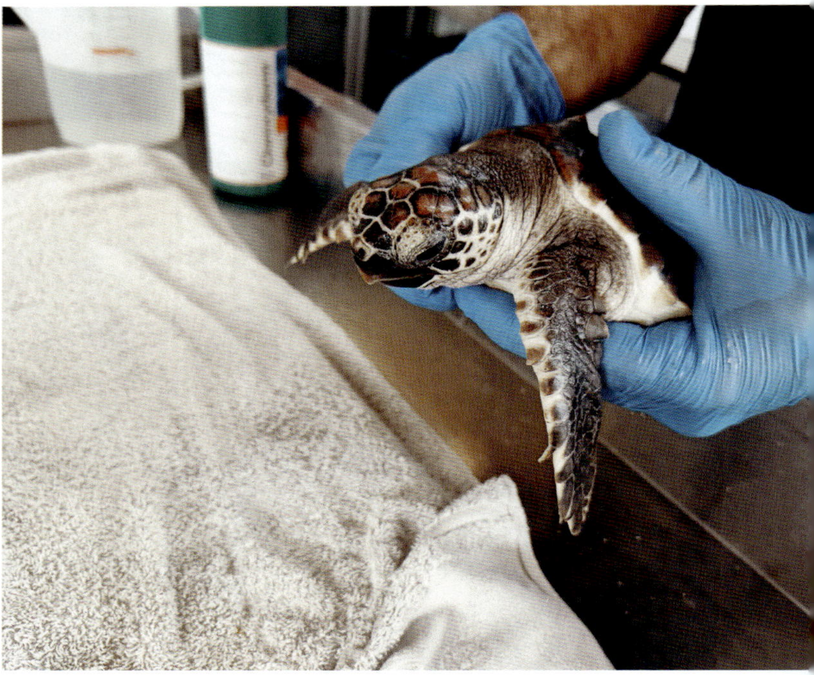

Pepita bekommt Physiotherapie

Oliv-Bastardschildkröte in einem Geisternetz, Malediven

genießt eine Wasserstrahlmassage

Riffdach bei Al Lith, Saudi-Arabien

Atlantik-Bastardschildkr

Lepidochelys kempii

Panzerlänge: 60-70 cm

Gewicht: bis 45 kg

Alter: ca. 30 + Jahre

Wallriffschildkröte

Natator depressus

Panzerlänge: 80-95 cm

Gewicht: bis 100 kg

Alter: nicht bekannt

Lederschildkröte

Dermochelys coriacea

Panzerlänge: 140-180+ cm

Gewicht: 300-640 kg

Alter: ca. 50 + Jahre

Grüne Meeresschildkröte
Chelonia mydas

Panzerlänge: 80-120 cm
Gewicht: bis 300 kg
Alter: ca. 70 + Jahre

Unechte Karettschildkröte
Caretta caretta

Panzerlänge: 70-110 cm
Gewicht: bis 200 kg
Alter: ca. 70+ Jahre

Echte Karettschildkröte
Eretmochelys imbricata

Panzerlänge: 75-90 cm
Gewicht: bis 150 kg
Alter: ca. 50 + Jahre

Oliv-Bastardschildkröte
Lepidochelys olivacea

Panzerlänge: 60-70 cm
Gewicht: bis 70 kg
Alter: ca. 30-50 Jahre

Identifikationsmerkmale

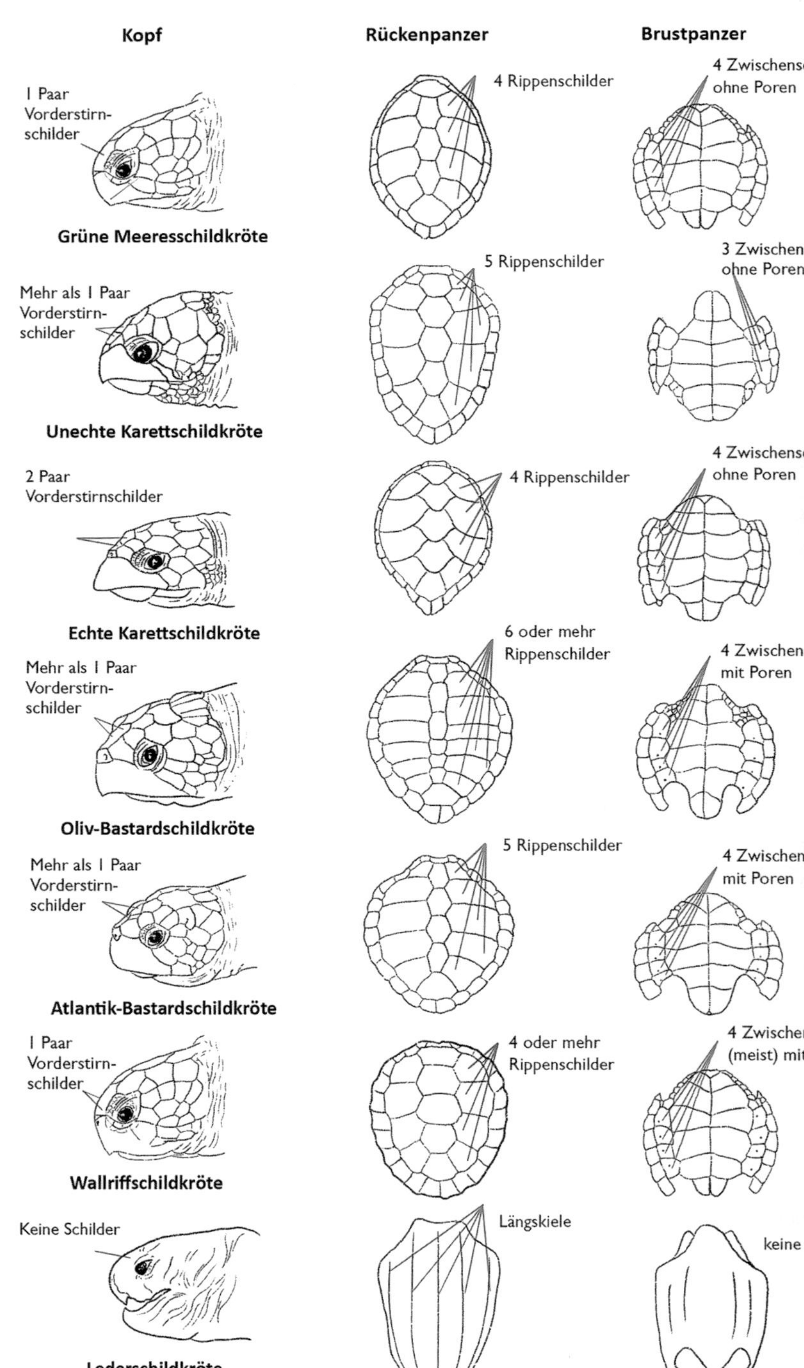

Meeresschildkröte, D'Arros, Seychellen

le Grüne Meeresschildkröte mit Schiffshaltern

Nest einer Unechten Karettschildkröte, Kapverden

nistender Unechter Karettschildkröten, Kapverden

Zwei Generationen Unechter Karettschildkröten auf dem Weg ins Meer, Kapverden

Korallengarten mit Riffbarschen, Bali, Indonesien

tragende Meeresschildkröte an der Sagrada Família, Barcelona, Spanien

der ältesten Schildkröte der Welt: Pappochelys rosinae

Golftang (Sargassum)

Nistende Lederschildkröte, Indonesien

flinge Unechter Karettschildkröten, Kapverden

.tstrand voller Plastikmüll, Kapverden

Grüne Meeresschildkröte im Seegras

Schwarztupfen-Süßlippen in Al Lith, Saudi Arabien

Echte Karettschildkröte, Malediven

schutzhündin Nela bei der Arbeit im Frankfurter Flughafen

sener Plastikmüll aus dem Darm einer (!) toten Meeresschildkröte

Echte Karettschildkröte auf Nahrungssuche

die magnetischen Pole auch nicht mit den geografischen Polen zusammen, sondern sind leicht schräg, derzeit etwa zehn Grad, zur Erdachse (die Linie zwischen dem geografischen Nord- und Südpol) verschoben.

Wie finden Meeresschildkröten nach Hause?

Die Wanderungen von Tieren rund um den Globus beschäftigen die Wissenschaft seit vielen Jahrzehnten. Während wir Menschen Kompass und Satellitendaten zur Navigation nutzen, orientieren sich Meeresschildkröten am geomagnetischen Muster, das für jede Region so charakteristisch ist wie ein Fingerabdruck. Dass Meeresschildkröten die Fähigkeit besitzen, nach Jahrzehnten den Ort ihrer Geburt wiederzufinden (im Englischen als *natal homing* bezeichnet), weiß die Wissenschaft dank Tier-Markierungen (*tagging*), Satellitensendern und Genanalysen schon länger. Wie genau die Tiere aber in der Lage sind Tausende Kilometer durch die Ozeane zu navigieren und genau diesen Ort wiederzufinden, das war viele Jahrzehnte ein Rätsel.

In den letzten Jahren konnten Biologen der Universität von North Carolina im amerikanischen Chapel Hill experimentell nachweisen, dass junge Unechte Karettschildkröten in der Lage sind, sowohl die geografische Breite (Nord-Süd-Position) als auch die geografische Länge (Ost-West-Position) zu erkennen. Dass Meeresschildkröten auch Letztere erkennen können, war bis dato nicht bekannt. Wenn die Jungtiere also schlüpfen, verinnerlichen sie die magnetische Signatur ihres Geburtsortes und nutzen diese als eine Art inneren Kompass, um Jahrzehnte später zurückzukommen und dort selber ihre Eier abzulegen. Verschiebt sich aber das Erdmagnetfeld, müsste das auch zu einer Verschiebung der Nistplätze führen, so eine Hypothese des Teams aus Chapel Hill. Und tatsächlich: Die Untersuchungen zeigen, dass sich die Nester der Unechten Karettschildkröte im Gleichschritt mit den Veränderungen des Magnetfelds bewegten. Ein weiterer Beweis dafür, dass Meeresschildkröten das geomagnetische Muster verinnerlichen und zur Navigation nutzen. Die Forschungsergebnisse dieser Studie deuteten aber auch darauf hin, dass die Tiere manchmal irrtümlich an einem anderen Strand mit ähnlichem Magnetfeld nisteten, selbst wenn dieser weit von ihrem Geburtsstrand lag. Denn auch Meeresschildkröten können sich verschwimmen. Damit das aber nicht allzu häufig passiert, prüfen die Tiere ihren Kurs offenbar genau nach.

Eine erst in 2021 erschienene Studie um den Meeresbiologen Tomoko Narazaki von der University of Tokyo berichtet über ein auf den ersten Blick merkwürdiges Verhalten von Grünen Meeresschildkröten und anderen großen Meerestieren: Die Tiere ziehen mehrfach hintereinander Kreise im Wasser. Genau wie U-Boote, die im Kreis fahren, um präzise geomagnetische Messungen vorzunehmen, könnte der Sinn dieser Kreiselbewegungen eine Untersuchung des Erdmagnetfeldes sein, so die Autoren in der Studie. Sie vermuten, dass die Meeresschildkröten sich auf diese Weise orientieren, da die Tiere vor allem an solchen Stellen im Kreis schwammen, an denen sie ihren Kurs korrigierten. Ein ähnliches Verhalten wurde unter anderem auch bei Tigerhaien, Walhaien und Königspinguinen beobachtet. Diese Kursjustierung findet aber laut einer anderen Studie nicht in kurzen Abständen (z.B.

täglich) statt, sondern die Tiere können sich auch schon einmal um mehrere Hundert Kilometer verschwimmen, bevor sie sich neu orientieren und zurück auf Kurs in Richtung ihrer Fress- oder Nistgründe schwimmen.

Der Magnetsinn der Meeresschildkröten

Laut dem Team um Graeme Hays von der Deakin University in Australien verwenden die Tiere zwar mit ziemlicher Sicherheit eine geomagnetische Karte, diese besitzt aber nur eine recht grobe Auflösung.

Die Frage, wo der Magnetsinn in Meeresschildkröten und anderen Tieren mit diesem »sechsten Sinn« lokalisiert ist, gestaltet sich wie die Suche nach der Nadel im Heuhaufen. Israelische und britische Wissenschaftler*innen haben vorgeschlagen, dass symbiotische Bakterien für die hervorragende Navigationsfähigkeit der Tiere mitverantwortlich sind. Tatsächlich konnten ihre Untersuchungen erstmals zeigen, dass magnetotaktische Bakterien (Magnetotaxis: die Orientierung der Bewegungsrichtung von Lebewesen in einem Magnetfeld) in vielen Tieren mit Magnetsinn vorkommen. Dazu gehörten *Candidatus Magnetobacterium bavaricum* in Pinguinen und Karettschildkröten sowie *Magnetospirillum* und *Magnetococcus* in Fledermäusen und Atlantischen Glattwalen. Wo genau diese Bakterien aber lokalisiert sein könnten, ob im Nervengewebe der Augen oder im Gehirn, wisse man noch nicht, dafür seien weitere Untersuchungen nötig, so die Forscher*innen.

Der Nase nach

Doch nicht nur das Magnetfeld der Erde dient Meeresschildkröten zur Orientierung, sondern auch ihr Geruchssinn. Dieser kommt wahrscheinlich zum Einsatz, wenn es darum geht, kleine, isolierte Inseln mitten im Meer zu finden. Grüne Meeresschildkröten zum Beispiel können die kleine, nur 88 Quadratkilometer große tropische Insel Ascension, die abgelegen mitten im Südatlantik zwischen Afrika und Südamerika liegt, tatsächlich riechen. Vorausgesetzt, der Wind weht aus Richtung der Insel. Aber auch Unechte Karettschildkröten können über die Luft nicht nur ihre Nahrung erschnüffeln, sondern auch Geruchsstoffe in der Luft wahrnehmen, die mit Land in Verbindung stehen (z.B. Vegetation). Der Geruchssinn spielt bei Meeresschildkröten also nicht nur für die Nahrungssuche, sondern offenbar auch bei der Kurzstrecken-Navigation eine entscheidende Rolle.

Wer möchte, kann auf der Website der *Sea Turtle Conservancy* mit Sendern ausgestatteten Meeresschildkröten folgen. Zu jedem der Tiere gibt es hier regelmäßige Updates: https://conserveturtles.org/sea-turtle-tracking-active-sea-turtles/.

Doch Meeresschildkröten navigieren nicht nur durch unsere Ozeane, sie fanden und finden ihren Weg auch in die menschliche Geschichte, Kultur und Spiritualität.

Die Weisheit trägt Panzer

Die Geschichte der Menschheit und die der Schildkröten ist seit Jahrtausenden miteinander verknüpft, denn wie kaum ein anderes Tier spielen Schildkröten eine wichtige Rolle in der menschlichen Kultur und Spiritualität. Sie kommen in Mythen, Erzählungen, Religionen, Folklore, Literatur und sogar der Popkultur auf der ganzen Welt vor. Doch was ist das Besondere an diesen Tieren und was verbinden wir Menschen mit ihnen? Grundsätzlich lässt sich feststellen, dass die Menschen über Jahrtausende hinweg mit Schildkröten meist etwas Positives verbinden. Aufgrund ihrer langen Lebensspanne verbinden wir Weisheit (die Weisheit des Alters), Beständigkeit, Kraft und Langlebigkeit mit ihnen. Da Landschildkröten sich nur langsam fortbewegen, assoziieren wir Ruhe, Gelassenheit und Freundlichkeit, und in vielen Kulturen rankt sich die Entstehungsgeschichte der Welt um Schildkröten. Sie stehen für Fruchtbarkeit und sollen Glück, Macht und Reichtum bringen.

Geschichten, Sagen, Legenden und Mythen haben meistens einen wahren Kern, und je öfter diese im Laufe der Zeit erzählt wurden, desto ausführlicher und wundersamer wurden sie. Eine Geschichte, die vielleicht in der Zukunft zu einer Sage oder einer Legende werden könnte, ist die einer Meeresschildkröte auf den Malediven.

Die österreichische Meeresbiologin Lisa Bauer, die ich

in dem Inselstaat kennenlernen durfte, erzählte mir eine schöne Geschichte über eine mysteriöse Meeresschildkröte. In ihrer Zeit als Regional Manager für die gemeinnützige Organisation *Manta Trust* war Lisa Bauer im Lhaviyani Atoll, nördlich des Nord-Malé-Atolls, im Hurawalhi Resort stationiert. Eines ihrer Projekte, neben der Datenerhebung der Mantarochenpopulation im Atoll, war das Sammeln von Informationen über die lokale Meeresschildkrötenpopulation. Dies geschah in Zusammenarbeit mit dem *Olive Ridley Project*, einer in Großbritannien gegründeten, gemeinnützigen Meeresschildkrötenschutzorganisation, die sich seit 2013 auf den Malediven für das Wohl dieser Tiere engagiert. Um diese besagte Meeresschildkröte also rankten sich zu dem Zeitpunkt schon einige Erzählungen, und Lisa wollte sich endlich selber ein Bild machen. Laut den Geschichten anderer Taucher, handelte es sich bei diesem Tier um eine große Grüne Meeresschildkröte, die in einer Höhle an einem Tauchplatz namens ***Tinga Giri*** wohnen sollte. Nach mehreren erfolglosen Tauchgängen, bei denen entweder die Strömung ungünstig stand oder die Höhle leer war, war das Glück endlich auf Lisas Seite. Von den Besuchern genervt, die sich ruhig vor der Höhle versammelt hatten, verließ die Meeresschildkröte ihre Unterkunft und schwebte aus der Dunkelheit der Höhle knapp über Lisas Kopf vorbei in Richtung Blauwasser und verschwand (siehe Bildteil). Diese majestätische Meeresschildkröte hatte laut Lisa schon fast etwas Mystisches an sich. Sie war nicht nur eines der größten Exemplare, die sie jemals zu Gesicht bekommen hatte, sondern sie lebte auch alleine in dieser Höhle bei *Tinga Giri*, während sich die anderen Meeresschildkröten, die es in großer Zahl in dem Atoll gibt, die Spalten und Höhlen am Riffhang teilen mussten. Natürlich leben Meeresschildkröten meist solitär, aber laut Lisa hatte dieses spezielle Tier etwas Eremitenhaftes und Mystisches an sich, das sie in ihren Bann zog. Geschichten wie die von der Meeresschildkröte von *Tinga Giri* sind der Kern von Mythen und Legenden.

Es gibt unzählige Beispiele für Schildkröten in Legenden, Folklore, Religionen und Mythologien unterschiedlichster Kulturen, und um all dies niederzuschreiben, bedürfte es wohl einer ganzen Serie an Büchern. In diesem Kapitel beschränke ich mich jedoch nur auf ein paar wenige Beispiele, auch wenn es unserer Verbindung mit diesen wunderschönen Tieren nicht gerecht wird.

Ninja Turtles und Co.

Man muss gar nicht tief eintauchen, um festzustellen, dass Schildkröten nicht nur in antiken Mythen, sondern auch in der modernen Popkultur dargestellt werden. In Büchern, Filmen, Computerspielen und Comics werden Meeresschildkröten als weise Führer, Retter, Krieger und Freunde dargestellt. In dem Pixar-Animationsfilm *Findet Nemo* zum Beispiel helfen die liebenswerten und etwas chaotischen grünen Meeresschildkröten Crush und Squirt dem Clownfisch Marlin bei der Suche nach seinem Sohn Nemo. In dem DreamWorks-Animationsfilm *Kung Fu Panda* wird der verstorbene Kung-Fu-Großmeister Oogway, eine Galapagosschildkröte, für seine Weisheit und Kriegskunst verehrt. Die *Teenage Mutant Ninja Turtles* sind die Helden einer US-Comic- und Zeichentrickserie, in der vier mutierte humanoide Schildkröten mittels Kampftechniken das Böse bekämpfen. Auch in den Büchern von Michael Ende spielen Schildkröten eine wichtige Rolle: Die uralte Morla in *Die Unendliche Geschichte*, Kassiopeia in *Momo* oder die beharrliche Schildkröte *Tranquilla Trampeltreu*. In den fiktiven und lustigen Scheibenwelt-Romanen des englischen Schriftstellers Terry Pratchett ruht die Welt auf den Rücken von vier Elefanten, die wiederum auf dem Rückenpanzer der Sternenschildkröte Groß-A'Tuin stehen.

Doch auch in Kunst und Architektur findet sich eine Vielzahl an Schildkröten. Bei meinem letzten Besuch in der Sagrada Família, einer römisch-katholischen Basilika des Modernisme in Barcelona, fiel mir eine Besonderheit ins Auge (zugegebenermaßen ist die gesamte Basilika eine einzige Besonderheit). Der katalanische Architekt Antoni Gaudí, der 1882 mit dem Bau begann, ließ auf der Südwestseite der Sagrada Família die Säulen der Geburtsfassade von Schildkröten tragen: Eine Säule steht auf dem Rücken einer Meeresschildkröte (siehe Bildteil), während die andere Säule von einer Landschildkröte getragen wird.

Tattoo-Kunst ist nicht nur schön anzusehen, sondern auch ein Ausdruck des kulturellen Erbes und der kulturellen Identität, und so ist es nicht verwunderlich, dass sich Motive von Schildkröten in einigen Kulturen wiederfinden. In der Mythologie der Maori zum Beispiel gelten die Meeresschildkröten als heilig. Das Maori-Meeresschildkröten-Tattoo steht für Reisen und Navigation sowie Fruchtbarkeit, langes Leben, Friedfertigkeit und Einigkeit. In der hawaiianischen Kultur sind Grüne Meeresschildkröten (*Honu*) ebenfalls heilige Tiere, welche für Weisheit und Glück stehen. Eine hawaiianische Legende erzählt von Kauila, einer riesigen Schildkrötengöttin, die sich manchmal in ein menschliches Mädchen verwandelt, um mit

Kindern am Ufer von Punalu'u zu spielen und über ihre Sicherheit zu wachen.

Selbst auf Banknoten und Münzen finden sich Land- wie Meeresschildkröten und das seit der Antike. Antike griechische Silberdrachmen von 550–530 vor Christus zeigen eine Meeresschildkröte, solche von 404–340 vor Christus eine Landschildkröte.

Auf dem modernen maledivischen 1000-Rufiyaa-Schein ist auf der Vorderseite eine Grüne Meeresschildkröte abgebildet und auf der 50-Laari-Münze eine Unechte Karettschildkröte. Auf dem brasilianischen Zwei-Pfund-Schein findet sich eine Echte Karettschildkröte, und auf einer 1000-CFP-Franc-Banknote für die französischen Überseeterritorien ist eine Unechte Karettschildkröte abgedruckt.

Auch in der Heraldik finden sich weltweit Schildkröten als Wappentiere wieder. Die Schildhalter auf dem Wappen des Britischen Territoriums im Indischen Ozean sind eine Suppenschildkröte sowie eine Echte Karettschildkröte. Auf dem Wappen des ecuadorianischen Galápagos-Archipels sind zwei Galápagos-Schildkröten abgebildet, und das Wappen der Gemeinde Grünheide (Mark) in Brandenburg zeigt eine Sumpfschildkröte, um nur einige wenige zu nennen.

Der Mythos der Weltschildkröte

Ein sehr bekannter Mythos ist der der Weltschildkröte, auch kosmische Schildkröte oder welttragende Schildkröte genannt. In diesem Mythos trägt oder enthält eine riesige Schildkröte die ganze Welt. Er kommt zum Beispiel in der hinduistischen und der chinesischen Mythologie sowie in den Mythologien einiger indigenen Völker Amerikas vor.

Überhaupt spielen in den Mythologien mancher indigener Völker Nordamerikas Schildkröten eine wichtige Rolle. Die amerikanischen Ureinwohner glaubten, dass der Große Geist ihre Heimat erschuf, indem er die Erde auf den Rücken einer riesigen Schildkröte legte. Aus diesem Grund bezeichnen einige der heutigen amerikanischen Ureinwohner Nordamerika als *Turtle Island* – also als »Schildkröteninsel«.

In der hinduistischen Mythologie nimmt der Gott Vishnu die Gestalt einer Schildkröte an, um die Welt auf seinem Rücken zu tragen. Dieser Avatar Vishnus wird Kurma genannt. Kurma bedeutet auf Sanskrit »Schildkröte«. Für Hindus ist die Schildkröte daher ein heiliges Tier, und Meeresschildkröten werden als Bewahrer des Lebens auf Erden geschätzt. Dies verhindert allerdings nicht, dass die Tiere für Opferrituale auf Bali geschlachtet werden. Die internationale Natur- und Umweltschutzorganisation WWF engagiert sich dort seit 1998 zusammen mit Hohepriestern und traditionellen Führern für den Schutz dieser Tiere, und »angesichts dieser umfangreichen Unterstützung erklärte der Hohe Rat der indonesischen Hindus (*Parisadha Hindu Dharma Indonesia*) schließlich, dass die Verwendung von Meeresschildkröten bei Opfergaben nicht obligatorisch ist und dass die Hindus das Gesetz zum Schutz der Meeresschildkröten respektieren und befolgen sollten«, so der WWF.

Leider werden Meeresschildkröten nicht nur für traditionelle Opferrituale getötet, sondern sind einer Vielzahl von Gefahren ausgesetzt. Nie zuvor war das Überleben dieser wunderschönen Reptilien so in Gefahr, wie es jetzt der Fall ist. Experten der *IUCN-SSC Marine Turtle Specialist Group*, ein globales Netzwerk von Meeresschildkröten-expert*innen, haben folgende Hauptbedrohungen für Meeresschildkröten weltweit identifiziert: Beifang in der Fischerei, Küstenerschließung und den damit einhergehenden Verlust von Nistplätzen, Meeresverschmutzung, Krankheitserreger, Klimawandel und Wilderei. Es ist heute kaum vorstellbar, doch vor den Zeiten der Kolonialisierung der Karibik durch die Europäer vor etwas mehr als 500 Jahren, wimmelte es dort vor Meeresschildkröten.

Bedrohte Panzerträger

Bevor Christoph Kolumbus und alle, die später folgten, die Meeresschildkrötenpopulationen drastisch dezimierten, durchschwammen Schätzungen zufolge 33 bis 660 Millionen adulte Grüne Meeresschildkröten die warmen Gewässer der Karibik. Es sollen so viele gewesen sein, dass das laute Atmen der Tiere an der Wasseroberfläche und das Klopfen ihrer Panzer gegen die hölzernen Schiffsrümpfe von den Seefahrern als Anhaltspunkte genutzt wurden, um bei schlechter Sicht um die Inseln zu navigieren. Mit der Ankunft der Europäer begann jedoch der Untergang der Meeresreptilien. Die Suppenschildkröten wurden jahrhundertelang von Seefahrern und Entdeckern als praktische Nahrungsquelle genutzt, denn die friedlichen Tiere konnten leicht gefangen und mit gefesselten Flossen als lebender Vorrat an Bord der Schiffe gebracht werden. Leider gelten bis heute das Fleisch von Meeresschildkröten und ihre Eier in vielen Ländern als Delikatesse. Aber wie stark sind die Populationen dezimiert worden? Und wie viele gibt es heute noch?

Um eine Tierpopulation beziffern zu können, müssen die Bestände gezählt werden. Unter einer Population versteht man in der Biologie die Gesamtheit aller Individuen, die in einem bestimmten Gebiet vorkommen. Das jedoch gestaltet sich gerade bei wandernden Tierarten wie Meeresschildkröten schwierig, denn Individuen, die zur selben

Population gehören, können sehr weit entfernte Gebiete zur Nahrungssuche aufsuchen. Zum Glück kommen Meeresschildkröten in der Regel zur Nistsaison an die Strände zurück, an denen sie selber geschlüpft sind. Daher sind die Brutgebiete einer bestimmten Population leichter zu identifizieren, und regelmäßige Zählungen der Gelege führen zu einer recht guten Übersicht über die Bestandsentwicklung von Meeresschildkröten.

Leider jedoch lässt sich die Anzahl der Nester nicht direkt auf die Anzahl der erwachsenen Weibchen in einer Population übertragen, da Meeresschildkröten mehr als ein Gelege pro Jahr legen können. Außerdem pflanzen sich Meeresschildkröten nicht jedes Jahr fort. Zwischen den aktiven Fortpflanzungsphasen eines Weibchens vergehen meist mehrere Jahre. Als wäre es dadurch nicht schon kompliziert genug, müssen noch andere Faktoren wie zum Beispiel das Geschlechterverhältnis und der Anteil identifizierter und wieder gesichteter Weibchen in die Kalkulation der Populationsgröße einbezogen werden. Rechnet man alle diese Faktoren mit ein, so zeigen Daten aus dem Jahr 2011, dass es weltweit weniger als zehn Millionen adulte Meeresschildkröten gab. Bei einem angenommenen Geschlechterverhältnis von 3:1 (Weibchen : Männchen) existierten zu diesem Zeitpunkt nur noch 7,5 Millionen adulte Weibchen und 2,5 Millionen adulte Männchen. Allein bei den einst in vielen Millionen vorkommenden Grünen Meeresschildkröten gab es weltweit nur noch um die 1,5 Millionen Weibchen und in der Karibik nur noch 300 000!

Neueste Daten zeigen, dass die Gesamtschätzungen der Populationsgrößen möglicherweise sogar noch zu optimistisch sind. Paolo Casale und Simona Ceriani von der

Università di Pisa in Italien beziehungsweise der University of Central Florida in den USA gehen von einer wesentlich niedrigeren Anzahl an Tieren aus, und laut der Meeresschildkrötenschutzorganisation *Olive Ridley Project* schwimmen weltweit nur noch knapp 6,5 Millionen Meeresschildkröten durch unsere Ozeane! Aufgrund des starken Rückgangs werden mittlerweile alle sieben Arten von der Weltnaturschutzorganisation IUCN *(International Union for Conservation of Nature)* in der Roten Liste gefährdeter Arten geführt. Unechte Karettschildkröten, die Oliv-Bastardschildkröten und Lederschildkröten gelten als »gefährdet« *(vulnerable)*, Grüne Meeresschildkröten als »stark gefährdet« *(endangered)* und Echte Karettschildkröten und die Atlantik-Bastardschildkröten sogar als »vom Aussterben bedroht« *(critically endangered)*. Für Wallriffschildkröten liegen nicht genügend Daten vor, sie werden daher als »*data deficient*« geführt.

Die Gründe für den starken Rückgang liegen vor allem in der jahrhundertelangen Überfischung dieser Tiere. Obwohl die direkte Ausbeutung von Schildkrötenfleisch und -eiern im Vergleich zu früher stark zurückgegangen ist – was auch daran liegt, dass immer weniger Tiere existieren, die gefangen werden können –, geben verschiedene andere, menschengemachte Bedrohungen ebenfalls Anlass zur Sorge: Die Zerstörung der Lebensräume und die Bebauung der Niststrände, Umweltverschmutzung und der Klimawandel sorgen dafür, dass die Populationen immer weiter schrumpfen. Um diesen besorgniserregenden Trend zu stoppen, werden Meeresschildkröten durch das Washingtoner Artenschutzübereinkommen geschützt. Dieses Übereinkommen, international als *Convention on International Trade in Endangered Species of Wild Fauna and Flora*

(CITES) bzw. Übereinkommen über den internationalen Handel mit gefährdeten Arten frei lebender Tiere und Pflanzen bekannt, wurde am 3. März 1973 verabschiedet und trat zwei Jahre später in Kraft. Es ist eine internationale Konvention, die einen nachhaltigen internationalen Handel mit den in ihren Anhängen gelisteten Tieren und Pflanzen gewährleisten soll.

Die Anhänge teilen die Tier- und Pflanzenarten in drei unterschiedliche Gefährdungsarten ein. Anhang I listet die Arten, die vom Aussterben bedroht sind und als Wildfänge grundsätzlich nicht gehandelt werden dürfen. Dazu zählen zum Beispiel alle Walarten und alle Meeresschildkröten. Ausnahmen sind nur begrenzt möglich, und zwar dann, wenn keine kommerziellen Zwecke verfolgt werden (sondern rein wissenschaftliche) oder wenn die Arten künstlich vermehrt wurden (z.B. Orchideen). Anhang II listet die Arten, die noch nicht vom Aussterben bedroht, aber potenziell durch Handel gefährdet sind. Dazu zählen zum Beispiel alle Affen, Bären und Katzen, aber auch Landschildkröten, immer mehr Hai- und Rochenarten sowie die meisten Orchideenarten. Anhang III führt die Arten auf, bei denen bestimmte Populationen in einer bestimmten Region geschützt werden sollen, die hierzu die Unterstützung der anderen Vertragsstaaten benötigt. Zu diesen Arten zählen zum Beispiel Königsgeier aus Honduras und einige Entenarten aus Ghana.

Da Meeresschildkröten über Ländergrenzen hinweg wandern, bedarf es noch eines zusätzlichen Schutzes der Tiere. Die Bonner Konvention, international als *Convention on the Conservation of Migratory Species of Wild Animals (CMS)* bezeichnet, ist ein globaler zwischenstaatlicher Vertrag, der sich ausschließlich mit der Erhaltung wandernder

Arten und der Lebensräume, von denen sie abhängen, befasst. Das Bonner Übereinkommen zur Erhaltung der wandernden Tierarten wurde am 23. Juni 1979 in Bonn abschließend verhandelt und unterzeichnet und trat am 1. November 1983 in Kraft. Es bietet ein Forum, über das Regierungen auf der ganzen Welt direkt miteinander über Fragen des Schutzes wandernder Tiere kommunizieren können. Ein Sekretariat mit Sitz in Bonn erleichtert die Umsetzung der Konvention, organisiert die Sitzungen ihrer Organe und kümmert sich um die sonstigen Bedürfnisse der Vertragsparteien. Mittlerweile gehören dem Abkommen 130 Vertragsparteien (Stand Februar 2021) an: 129 Länder aus Afrika, Eurasien, Zentral- und Südamerika und Ozeanien plus die EU. Je nach Schutzbedürftigkeit werden die wandernden Arten in zwei Anhängen aufgelistet. Anhang I enthält die vom Aussterben bedrohten Tierarten und verbietet insbesondere die Entnahme von Tieren dieser Art. Anhang II umfasst die Arten, die sich in einer ungünstigen Erhaltungssituation befinden und für die eine internationale Zusammenarbeit erforderlich ist oder nützlich wäre. Entsprechend könnten Arten auch in beiden Anhängen aufgeführt sein.

Während die Wallriffschildkröte nur in Anhang II gelistet ist, werden die anderen sechs Arten sowohl in Anhang I als auch in Anhang II aufgeführt. Mit der Aufnahme in Anhang I verpflichten sich die Vertragsparteien, die Arten streng zu schützen, indem sie die Entnahme von Tieren verbieten, außer unter sehr eingeschränkten Umständen. Sie müssen ihre Lebensräume erhalten und gegebenenfalls wiederherstellen; Hindernisse für ihre Wanderung verhindern, beseitigen oder abmildern und andere Faktoren kontrollieren, die die Tiere gefährden könnten.

Trotz dieser internationalen Schutzbemühungen schrumpfen die Populationszahlen von Meeresschildkröten immer weiter, da die Tiere nach wie vor ihres Fleisches und der Eier wegen, aber auch wegen ihres schönen Panzers gejagt werden. In vielen Ländern fehlt es an der nötigen Konsequenz der Behörden und den Ressourcen, um dem illegalen Treiben Einhalt zu gebieten. Glücklicherweise gibt es auf der ganzen Welt Organisationen, denen der Schutz der Tiere am Herzen liegt und die sich, allen Gefahren zum Trotz, den Wilderen entgegenstellen.

Begehrte Delikatessen

Trak, so möchte er genannt werden, ist ein mittelgroßer Mann mit kurzem schwarzem Haar, einem gestutzten Schnurrbart und einer heiser klingenden Stimme. Wenn er spricht, sprudeln die Sätze nur so aus ihm heraus, auch gerne etwas lauter, und er unterstreicht seine Worte mit ausholenden Gesten. Der Mitte 30-jährige Kreole lebt mit seiner Frau und zwei Kindern in João Galego, einem kleinen Dorf im nordöstlichen Teil der Insel Boa Vista in Kap Verde. Auf Boa Vista, der östlichsten und drittgrößten Insel, arbeitet Trak als Ranger für die *Turtle Foundation*, eine gemeinnützige Stiftung die sich in dem Land seit 2008 für den Schutz von Meeresschildkröten einsetzt. Wenn er von seinem Leben und seiner Arbeit erzählt, geschieht das mit großer Leidenschaft. Man merkt ihm an, dass er sehr stolz ist auf das, was er tut, denn Trak hat nicht immer als Ranger gearbeitet. Bevor er sich entschloss, Meeresschildkröten zu schützen, hat er sie 14 Jahre lang gejagt, geschlachtet und gegessen.

Schon als Teenager begann er mit seinen Freunden Meeresschildkröten zu töten, welche zum Ablegen ihrer Eier aus dem Wasser an den Strand kamen. Im Wasser sind die Tiere elegante und schnelle Schwimmer, doch an Land bewegen sie sich langsam und schwerfällig und sind deswegen eine leichte Beute für Wilderer. Trak war, laut eigener Aussage, der beste Meeresschildkröten-Jäger seines Dorfes und hat pro Saison bis zu 200 Weibchen der Unechten Karettschildkröte erlegt. Die Unechte Karettschildkröte gehört zu den fünf Arten von Meeresschildkröten, die in den Gewässern rund um die Kapverden zu finden sind, doch sie ist die einzige Art, die dort regelmäßig nistet. Auf den Kapverdischen Inseln dauert die Nistsaison der *C. caretta* von Juni bis November. Während dieser Zeit kommen die Weibchen nachts an den Strand zurück, an dem sie selber Jahre und manchmal Jahrzehnte zuvor geschlüpft sind. Die Nistkolonie der Unechten Karettschildkröte in Kap Verde gehört, wie schon erwähnt, zu den größten der Welt.

Alleine auf Boa Vista nisten, entlang der rund 50 Strandkilometer, zwei Drittel der gesamten Nistpopulation. Für Wilderer, wie Trak es einer war, ist jede Nistsaison daher wie ein Selbstbedienungsladen. Sie müssen nur nachts die leicht zugänglichen Strände ablaufen und die mit der Eiablage beschäftigten Weibchen mitnehmen oder direkt vor Ort schlachten. Dabei gehen sie nicht gerade zimperlich vor: Sie schneiden mit einem Messer rund um den Brustpanzer und reißen diesen den noch lebenden Tieren ab, um sie auszuweiden. Neben dem Fleisch gelangen sie so auch an die noch nicht gelegten Eier der Tiere, die später ebenfalls verkauft und gegessen werden. So töten die Wilderer nicht nur die Muttertiere auf grausame Weise, sondern gleich deren gesamte Nachkommenschaft.

In den Anfängen seiner Zeit als Wilderer brachten Trak und seine Freunde die gefangenen Tiere meistens erst in ihr Dorf, wo sie ihnen den Kopf oder die Flossen abschnitten, während die Schildkröten langsam und unter Qualen starben. Laut Trak war es immer eine »riesige Sauerei« und nicht sehr schön, den Tieren bei ihrem langsamen Sterben zuzuschauen. Im Laufe der Zeit lernten die jungen Wilderer mehr über die Anatomie der Tiere, und mit mehr Übung verbesserten sie ihre Methode. Sie begannen, die Tiere mit einem gezielten Stich ins Herz zu töten, was deren Leiden beträchtlich verkürzte.

Mit dem Verkauf von Meeresschildkrötenfleisch und Eiern besserte Trak sein Einkommen auf, um seine Leidenschaft für Alkohol und Partys zu finanzieren. Pro Saison kamen so einige Kap-Verde-Escudos (CVE) zusammen, denn für ein ganzes Tier bekam er umgerechnet gut 100 Euro.

Das Fleisch verkaufte er an Bekannte oder manchmal sogar an Restaurants. Offiziell ist und war der Verkauf von Gerichten mit dem Fleisch von Meeresschildkröten verboten, doch laut Trak bedurfte es vor noch nicht allzu langer Zeit nur eines Codeworts. Wenn man nach *Galinhona,* was auf Portugiesisch Hühnchen bedeutet, verlangte, wurde einem ein Gericht namens *Tartaruga guisada* serviert. Zwar ist der illegale Verkauf von Schildkrötenfleisch auf den Kapverden zurückgegangen, denn 2018 wurden ganzjährige Schutzmaßnahmen eingeführt, die Besitz und Verkauf von Meeresschildkrötenfleisch und -produkten unter

Strafe stellen. Ebenso unter Schutz stehen Lebensräume und Nistplätze, und wer gegen diese Gesetze verstößt, muss mit strengen Strafen rechnen. Mittlerweile arbeiten daher auch viele der ehemaligen Wilderer für die lokalen Organisationen, die sich dem Schutz der bedrohten Arten widmen. Aber die Tiere und deren Eier sind auch auf den Kapverden immer noch ein begehrtes Gut.

Wer glaubt, Meeresschildkröten würden nur in weit entfernten Ländern gegessen, der wird sich vielleicht wundern zu erfahren, dass noch bis in die 80er-Jahre das Fleisch der Tiere in Deutschland verarbeitet und gegessen wurde! Die Firma Lacroix stellte im Frankfurter Stadtteil Niederrad nebst Pasteten, Saucen und anderen Feinkost-Produkten auch Suppe aus dem Fleisch der Suppenschildkröte her. Die Suppe in den goldenen Konservendosen mit der grünen Beschriftung »Echte, klare Schildkrötensuppe« galt als teure Delikatesse und wurde bis 1984 produziert. Lacroix war nach dem Zweiten Weltkrieg der weltweit größte Hersteller von Schildkrötensuppe – dort wurden alleine im Jahr 1959 250 Tonnen gefrorene Suppenschildkröten verarbeitet.

Den Einzug in die europäische Küche im 18. Jahrhundert verdankt die Schildkrötensuppe jedoch den Briten. Die als die »Königin der Suppen« bekannte Delikatesse war so teuer, dass schnell ein preiswerter Ersatz erfunden wurde: die Mockturtlesuppe (englisch *mock* = nachgeahmt und *turtle* = Schildkröte) oder »unechte Schildkrötensuppe«. Die Mockturtlesuppe enthält bei fast gleicher Zubereitung anstatt des Schildkrötenfleischs nun Kalbfleisch vom Kopf. Sie ist vor allem in Niedersachsen sehr beliebt.

Diese Suppe ist – sofern man überhaupt Fleisch essen will – sicher die bessere Wahl. Denn früher wie heute war und ist der Verzehr von Meeresschildkröten gar nicht ratsam, möglicherweise gesundheitsschädlich und manchmal sogar tödlich. Das Phänomen wird in der Wissenschaft als »Chelonitoxismus« bezeichnet. Diese Art von Lebensmittelvergiftung wird mit vier der Meeresschildkrötenarten in Verbindung gebracht: der Suppenschildkröte, beide Karettschildkrötenarten und der Lederschildkröte. Die Symptome können innerhalb von Stunden oder erst innerhalb einer Woche nach dem Verzehr auftreten. Kinder sind besonders anfällig und können sich sogar indirekt über die Muttermilch infizieren. Ganz schlimm: Es gibt kein Gegenmittel, da noch unklar ist, warum das Fleisch giftig sein kann. Es wird vermutet, dass Gifte eine Rolle spielen, die von den Schildkröten über Algen oder Schwämme aufgenommen werden.

In Indonesien kam es 2018 zu einem tragischen Vorfall, bei dem Dutzende Menschen, die während eines traditionellen Festes das Fleisch von Meeresschildkröten verzehrt hatten, vergiftet wurden. Sie erlitten teils schwere Symptome wie Schwindel, Erbrechen, Atemnot und starke Hals- und Bauchschmerzen. In den darauffolgenden Tagen starben an den Folgen ein 65-jähriger Mann und zwei Kleinkinder.

Angebliche Heilkräfte

Meeresschildkröten werden jedoch nicht nur als Nahrungsquelle geschätzt, sondern in einigen Gemeinschaften auch zu medizinischen Zwecken verwendet. In westafrikanischen Küstenregionen zum Beispiel wurde das Wissen über die angeblichen Heilkräfte über Generationen weitergegeben. Meeresschildkröten bzw. Teile der Tiere werden bis heute in der traditionellen Medizin und der Hexerei eingesetzt.

Seit Jahrhunderten werden auch in Kap Verde dem Fleisch, Fett und anderen Körperteilen der Meeresschildkröten Heilkräfte nachgesagt. Schon im 15. und 16. Jahrhundert wurden in dem Inselstaat das Fleisch und Blut der Tiere gegessen, um Lepra zu heilen. Bis heute glauben manche Kapverdianer*innen, dass die Einnahme von Meeresschildkrötenblut ein längeres Leben fördert und Asthma, Thrombosen und Blutarmut (Anämie) heilt. Gallenblasen, konserviert in einem traditionellen kapverdianischen Zuckerrohrschnaps namens »Grogue«, sollen gegen Hepatitis, Blutarmut und Schwellungen helfen, ebenso wie die Leber der Tiere. Die Penisse der männlichen *C. caretta* werden, Sie ahnen es, als Aphrodisiakum, also zur Steigerung der Libido, verwendet. Die getrockneten Geschlechtsorgane werden dazu in Grogue eingelegt, welcher dann getrunken wird. Dieses Getränk hilft angeblich nicht nur gegen die Flaute im Bett, sondern auch gegen Erkrankungen des Darms sowie Hepatitis!

Auch einem Öl, das aus dem Rückenpanzer der Lederschildkröten gewonnen wird, werden wahre Wunderkräfte nachgesagt, denn es soll gegen Rheuma, Arthritis, Thrombosen, Bronchitis, Asthma und Darmbeschwerden helfen.

Die Krallen männlicher Unechter Karettschildkröten versprechen, um den Hals der Männer als Kette getragen, eine anziehende Wirkung auf Frauen. Die Rückenpanzer derselben Art werden in manchen Regionen des Inselstaates in Wasser gekocht. Das Baden in diesem Wasser soll gegen böse Blicke schützen, während der Brustpanzer gegen Hexerei und zur Behandlung von Lungen- und Herzerkrankungen sowie Magen-Darm-Problemen verwendet wird.

Unnötig zu erwähnen, dass die Wirkungen dieser »Heilmittel« weder wissenschaftlich noch medizinisch belegt sind. Der Markt für die Heilmittel und Talismane wird, wie der Fleischhandel auch, von den Wilderen bedient.

Bis ins Jahr 2017 wilderte Trak noch selber die Tiere, doch eines Nachts am Strand änderte sich sein Leben von Grund auf. Während er eine eierlegende Schildkröte töten wollte, wurde er von Soldaten gestellt, die damals halfen, die Nester und die Weibchen zu schützen. Kurz nach diesem Vorfall wurde er von einer Mitarbeiterin der *Turtle Foundation* gefragt, ob er Interesse hätte, sie bei ihrer Arbeit einmal zu begleiten. Er beschloss, sich die Arbeit der Ranger anzuschauen, und diese Entscheidung veränderte sein Leben nachhaltig. Der Mitarbeiterin der Schutzorganisation gelang es, Traks Faszination für die Tiere zu wecken, und er fing kurz darauf an, selber als Ranger zu arbeiten. Die Arbeit veränderte ihn: Er hörte auf, Alkohol zu trinken, und wandte sich von bestimmten Freunden und seinem Partyleben ab. Anfangs, so sagte er mir, hielt er seine neue Tätigkeit geheim, da er Angst vor Repressalien seiner ehemaligen Wilderer-Freunde hatte. Er fühlte sich sogar zeitweise sicherer, wenn er eine Waffe bei sich trug, da ihn die Leute aus seinem Dorf für verrückt erklärten und ihn bedrohten. Mit der Zeit jedoch wurde seine neue

Rolle als Ranger der *Turtle Foundation* akzeptiert, und er konnte frei über seinen Job sprechen und sogar einige Bekannte überzeugen, es ihm gleichzutun. Durch diese Veränderungen in seinem Lebensstil und seiner Einstellung zu Meeresschildkröten verlor er zwar einige Freunde, fand aber auch neue.

Mittlerweile arbeiten um die 20 ganzjährige Mitarbeiter*innen und rund 60 Saisonarbeiter*innen und Freiwillige während der Nistsaison für die *Turtle Foundation* in Kap Verde. Und der Erfolg kann sich sehen lassen. Laut Daten der Organisation wurden noch in der Nistsaison 2007, ein Jahr bevor die Schutzorganisation auf den Kapverden aktiv wurde, circa 1000 Weibchen der Unechten Karettschildkröte bei der Eiablage getötet. Damals wurden auf Boa Vista zwischen 12 000 und 15 000 Nester gezählt. Mit ihrer Arbeit deckt die *Turtle Foundation* um die 70 Prozent der wichtigen Niststrände auf Boa Vista ab, was sich auch in den Zahlen widerspiegelt: Im Jahr 2020 wurden an den Projektstränden der *Turtle Foundation* mehr als 27 000 Nester gezählt, und obwohl die Personalsituation durch Corona sehr eingeschränkt war, blieb die Wilderei auch danach auf einem Tiefstand. Diese Erfolge sind auch der intensiven Bildungsarbeit mit der lokalen Bevölkerung, der erfolgreichen Zusammenarbeit mit anderen lokalen Organisationen und dem Einsatz einer nachtsichtfähigen Drohne zu verdanken. Wurden im Jahr 2017 an den Stränden Boa Vistas noch mindestens 235 Tiere getötet, so waren es 2018 noch 70 und 2019 nur noch 17 Meeresschildkröten, was einen Rückgang der Wilderei um stolze 93 Prozent bedeutet! Zu diesem Erfolg haben Trak und seine Kolleg*innen maßgeblich beigetragen. Sie laufen nachts die Strände ab und vertreiben die Wilderer.

Dass Trak sehr stolz auf seine Tätigkeit als Ranger ist, wird besonders deutlich, als er von der Abschlussfeier seiner ersten Saison als Ranger im Jahr 2017 erzählt. Als er gebeten wurde, ein paar Worte zu sagen, versagte seine Stimme, denn es war für ihn emotional überwältigend, Teil eines Teams sein zu dürfen, dass diese faszinierenden Meeresreptilien schützt und es ihm ermöglicht hat, sein Leben von Grund auf zu ändern.

Doch nicht nur die Arbeit der Ranger, sondern auch eine weitere Verschärfung in der Gesetzgebung sowie vierbeinige Helfer spielen eine zentrale Rolle im Artenschutz in dem afrikanischen Inselstaat. Seit Juni 2019 ist das Team auf den Kapverden um zwei Mitarbeiter*innen reicher: Die Artenschutzhunde Karetta und Kelo konnten nach ihrer zweijährigen Ausbildung in der Schweiz auf Boa Vista ihren Dienst antreten. Dort spüren die beiden Vierbeiner Teile gewilderter Schildkröten auf und manchmal auch die Wilderer selber (siehe Bildteil). Mit ihren feinen Hundenasen erschnüffeln sie die Wilderer, die sich im Schutz der Dunkelheit in den Sanddünen verstecken, und machen mit lautem Gebell ihre Hundeführer auf die Diebe aufmerksam. Die Hundeführer sichern dann die Beweise, z.B. Blutspuren oder zurückgelassene Hilfsmittel, welche die folgende Anzeige bei den Behörden untermauern. Die Arbeit der Hunde ist von unschätzbarem Wert, da die Ranger sonst in der Nacht leicht an den Wilderern und den Überresten der Schildkröten vorbeilaufen können, ohne diese in der Dunkelheit zu sehen. Denn: eine Hundenase ist mit mehr als 200 Millionen Riechzellen ein wahres Hochleistungsorgan, welches der menschlichen Nase mit ihren kümmerlichen circa fünf Millionen Riechzellen weit überlegen ist. Die Riechzellen der Hunde verteilen sich auf der gefalteten Riechschleimhaut ihrer Nasen, welche, je nach Rasse, bis zu 200 Quadratzentimeter groß sein kann. Zum Vergleich: Die menschliche Riechschleimhaut ist nur etwa zehn Quadratzentimeter groß. Der feine Geruchssinn ist für Hunde überlebenswichtig, da sie sich vor allem über ihre Nase in der Umwelt zurechtfinden und sie sind in der Lage, mehr als eine Millionen Gerüche zu unterscheiden. Bei Hunden sind zehn Prozent des Gehirns alleine fürs Riechen reserviert, während wir Menschen mit gerade mal einem Prozent auskommen müssen.

Die Fähigkeit, feinste Duftspuren wahrzunehmen, und ihre Lernfähigkeit macht Hunde auch sonst zu begehrten Mitarbeitern im Artenschutz. Weltweit werden Artenschutzhunde in verschiedenen Projekten und beim Zoll eingesetzt. Auch der deutsche Zoll in Frankfurt bedient sich dieser talentierten vierbeinigen Helfer, mit durchschlagendem Erfolg: Der illegale Handel mit geschützten Arten und Produkten aus geschützten Tieren boomt weltweit, und das Aufspüren dieser Waren im großen Stil wäre ohne die Hilfe der speziell ausgebildeten Hunde nicht möglich.

Werden lebendige Tiere gefunden, entscheidet in Deutschland das Bundesamt für Naturschutz (BfN), wohin die Tiere gebracht werden. Meist finden sie in Zoos, Tierparks oder auch bei Privatpersonen eine Zuflucht. Beschlagnahmte Waren aus geschützten Arten werden zum größten Teil vernichtet. Ein kleiner Teil wird zu Lehrzwecken an Bildungseinrichtungen weitergegeben oder zu Schulungszwecken und Aufklärungsarbeit vom Zoll behalten und in den Asservatenkammern gelagert.

Das leise Sterben

In den Katakomben des Frankfurter Flughafens, zwischen identisch aussehenden grauen Türen, befindet sich ein Raum, der von außen nicht den Schrecken erahnen lässt, der einen erwartet, wenn man ihn betritt. Kaum öffnet man die Tür, schlägt einem ein leicht muffiger Geruch entgegen, und die Neonröhren an der Decke tauchen die sichergestellte Ware in ein kaltes weißes Licht. In der **Asservatenkammer** des Hauptzollamts Frankfurt am Main findet sich zwischen Bärenköpfen, Haifischgebissen, getrockneten Seepferdchen, ausgestopften Geparden, Fellmänteln, Produkten aus Schlangen- und Alligatorenhäuten auch Schmuck aus Elfenbein, Korallen und Schneckenschalen. Was einem aber direkt ins Auge fällt, wenn man den Raum betritt, sind die Panzer einer großen Echten Karettschildkröte und einer kleineren Grünen Meeresschildkröte, die beide links an der Wand hängen. Anstatt die Wohnzimmer der Käufer zu »zieren«, hängen die wunderschönen Panzer wie ein Mahnmal direkt neben einem Mantel aus Leopardenfell. Doch das sind leider noch nicht alle Produkte aus Meeresschildkröten, die hier zu finden sind. Zwischen den Asservaten steht auch eine an der Wand lehnende Gitarre, deren Klangkörper aus dem Panzer einer Echten Karettschildkröte besteht. In einer Tüte auf einem Schemel, der einmal ein Elefantenfuß war, liegt ein weiterer Panzer derselben Art, diesmal »verziert« mit einer Skorpion-Zeichnung. Andere Perversitäten der Asservatenkammer zeigt mir Frau Gillmann, die Pressesprecherin des Hauptzollamts Frankfurt am Main. Darunter sind ein abgeschnittenes Elefantenohr mit einer Zeichnung eines sehr lebendig aussehenden Elefanten –

wohl als Wandschmuck gedacht – sowie ein Eisbärfell mit Kopf für die gemütlichen Stunden vor dem Kamin. Regale voller sichergestellter Waren stehen an den Wänden und quellen schier über von Schmuckstücken aus Elfenbein und Korallen, Taschen und Schuhen aus Reptilienleder sowie Kosmetika mit dem Fett aus Walen und Meeresschildkröten.

Diese Kammer des Schreckens hinterlässt ein Wirrwarr an Gefühlen, denn die unzähligen toten Tiere machen mich traurig, und ich bin wütend auf die Menschen, die aus Profitgier diese wunderschönen und geschützten Tiere töten. Aber auch die Unwissenheit und Ignoranz der Käufer lässt mich verzweifeln, denn die Nachfrage bestimmt den Markt. Oft sind die Touristen, die ein Souvenir aus dem Urlaub mitbringen, sich nicht darüber im Klaren, dass ihr gekauftes Schmuckstück, das in Alkohol eingelegte Reptil oder die Mütze mit Pelzbesatz Produkte aus geschützten Arten sind.

Doch Tatsache ist: Der Kauf solcher Souvenirs, und sei es »nur« ein Armband oder eine Kette mit Schneckenschalen, trägt massiv zum Artensterben bei. Im Jahr 2019 wurden 43 789 Produkte aus geschützten Tier- und Pflanzenarten vom Hauptzollamt in Frankfurt sichergestellt, ein Großteil davon Urlaubssouvenirs. Das Kaufen solcher Mitbringsel kann sehr teuer werden, denn Verstöße gegen das Washingtoner Artenschutzübereinkommen können Geldbußen bis zu 50 000 Euro oder sogar Freiheitsstrafen zur Folge haben. Möchte man sich also Erinnerungsstücke aus dem Urlaub mitnehmen und sich dabei nicht strafbar machen, sollte man auf jeden Fall vorher auf der Internetseite des Zolls »Artenschutz im Urlaub« nachlesen, welche Aus- und Einfuhrbeschränkungen für geschützte und nicht geschützte Arten und deren Produkte gelten. Eine andere Informationsquelle ist der WWF-Souvenirratgeber, der auf der WWF-Website bestellt werden oder als PDF heruntergeladen werden kann und sogar als App bei Google Play und im Apple Store erhältlich ist (Links siehe im Verzeichnis am Ende des Buchs). Um sich aber gar nicht erst diese Mühe machen zu müssen, wäre es noch besser, ganz auf Produkte dieser Art zu verzichten. Es macht ja ohnehin viel mehr Freude, die Tiere und Pflanzen lebendig und in ihrer natürlichen Umgebung zu bewundern.

Doch nicht nur der Schmuggel mit Tierprodukten führt zum Verschwinden von Arten, sondern auch der Handel mit lebenden exotischen Wildtieren und Pflanzen und der Verlust ihrer Lebensräume durch den Menschen. Der illegale Handel mit Wildtierprodukten gilt als einer der lukrativsten kriminellen Geschäftszweige weltweit und wird professionell von organisierten Netzwerken betrieben. Laut einem Bericht des Weltbiodiversitätsrates IPBES *(Intergovernmental Science-Policy Platform on Biodiversity and Ecosystem Services),* einer Organisation der Vereinten Nationen, ist die direkte Ausbeutung von Tier- und Pflanzenarten durch den Menschen einer der wichtigsten Treiber des weltweiten Artensterbens. Dazu kommen der Verlust von Lebensräumen durch Verschmutzung, Klimawandel und Übernutzung der Ressourcen.

Der illegale Handel wird durch die immer weiter ansteigende Nachfrage nach exotischen Arten für den Heimtiermarkt, auch hier in Deutschland, angekurbelt. Obwohl sie oft in ihrem natürlichen Verbreitungsgebiet gefährdet sind, werden in Deutschland und der EU immer häufiger vor allem Reptilien, Amphibien und exotische Säugetiere verkauft, da nationale und internationale Schutzregelungen nicht ausreichend durchgesetzt und die illegale Jagd und der Handel in den Herkunftsländern der Tiere nicht konsequent genug verfolgt werden. Laut der Jahrespressemitteilung des Hauptzollamts Frankfurt am Main wurden allein im Jahr 2019 in Frankfurt insgesamt 152 lebende Pflanzen sowie 7702 lebende Tiere sichergestellt. Häufig handelte es sich dabei um artengeschützte Korallen, Zierfische, Schlangen und Schildkröten.

Und wir sprechen hier nicht von Kleinigkeiten oder Randerscheinungen: Weltweit gelten laut dem IPBES-Bericht von den geschätzten acht Millionen Tier- und Pflanzenarten, die es weltweit gibt, mittlerweile mehr als eine Million Arten als vom Aussterben bedroht. Dieses **Massensterben**, so die Experten, wird durch die intensive Nutzung von Landflächen und Meeren angetrieben – drei Viertel der globalen Landflächen und zwei Drittel der Ozeane sind bereits entscheidend durch den Menschen verändert worden. Ein anderer wichtiger Treiber für das Artensterben sind, so der Bericht, neben Jagd und dem Handel wild lebender Arten, der Klimawandel, die intensive Nutzung von Pflanzen und Tieren, Umweltverschmutzung sowie invasive Arten, welche die heimische Fauna und Flora verdrängen.

Auch der alle zwei Jahre erscheinende »Living Planet Index« der Umweltschutzorganisation WWF (*World Wide Fund For Nature*) zeigt in seinem im Jahr 2020 erschienenen Report, dass es Säugetieren, Vögeln, Amphibien, Reptilien und Fischen so schlecht geht wie noch nie: Die weltweiten Populationsgrößen dieser Wirbeltiergruppen nahm zwischen 1970 und 2016 um erschreckende 68 Prozent ab! Obwohl die biologische Vielfalt grundlegend für das menschliche Leben auf der Erde ist, wird sie von uns in einem Tempo zerstört, das in der Geschichte unseres Planeten beispiellos ist. Dennoch ist es noch nicht zu spät, den Artenschwund wenigstens zu verlangsamen.

Eine Studie, die Teil des WWF-Reports ist und zeitgleich im Wissenschaftsjournal *Nature* erschien, präsentiert konkrete Maßnahmen zum Erreichen dieses Ziels. Laut David Leclère vom österreichischen *International Institute for Applied Systems Analysis* und den anderen beteiligten Wissenschaftler*innen der Studie könnten nur folgende Maßnahmen das Artensterben aufhalten: Zum einen müssten bis zum Jahr 2050 bis zu 40 Prozent der terrestrischen Flächen unter Schutz gestellt werden. Zum anderen müsste die Menschheit insgesamt zu einer nachhaltigeren Nahrungsmittelproduktion einschließlich der Verringerung von Essensabfällen und der Reduzierung tierischer Kost auf unserem Speiseplan übergehen.

Den Meeresschildkrötenpopulationen würde es schon helfen, wenn Wilderei und Handel eingestellt würden, doch leider sieht die Realität ganz anders und sehr traurig aus. Meeresschildkröten sind aufgrund ihrer langen Wanderungen über Ländergrenzen hinweg besonders bedroht, da die Tiere nicht in jedem Land unter Schutz stehen. Obwohl der internationale Handel mit allen sieben Arten und deren Produkten durch das Washingtoner Artenschutzabkommen verboten ist, blüht das illegale grenzüberschreitende Geschäft mit Meeresschildkröten. Das genaue Ausmaß dieses Handels ist schwer zu beziffern, da die Aktivitäten vor allem im Untergrund stattfinden. Immer wieder jedoch werden größere Mengen an Meeresschildkröten und Produkten sichergestellt, sodass man eine Vorstellung von den Mengen an gewilderten Tieren bekommt. Der **illegale Handel** mit den Tieren ist im sogenannten Korallendreieck, also in südostasiatischen Ländern wie Vietnam, Indonesien, Malaysia und den Philippinen besonders rege.

China ist einer der wichtigsten Treiber in Bezug auf die Nachfrage. Die Volksrepublik ist laut einem in 2012 veröffentlichtem Bericht von TRAFFIC mit 98 Prozent der gemeldeten ganzen Exemplare, die zwischen 2000 und 2008 in Ostasien gehandelt wurden, der Hauptabnehmer von Meeresschildkröten. Tendenz steigend. Da chinesische Gewässer stark überfischt sind und es dort nur noch sehr wenige Meeresschildkröten gibt, werden die Tiere nun hauptsächlich aus dem Korallendreieck exportiert. Von dort werden die gewilderten Meeresschildkröten über zwei Haupthandelsrouten nach China geschmuggelt: Der direkte Weg führt über das Südchinesische Meer zur Insel Hainan, die indirekte Schmuggelroute über Vietnam auf das chinesische Festland. Doch auch über den Luftweg gelangen die geschmuggelten Tiere und Produkte nach China. Das Land ist laut der Datenbank der Denkfabrik C4ADS (*Center for Advanced Defense Studies*) der mit Abstand wichtigste Importeur von illegalen Meerestierprodukten. Die Schmuggelware ist vor allem für einen Flughafen in China bestimmt: Hongkong. In der Stadt besteht eine rege Nachfrage an legalen und illegalen Meerestierprodukten, und bis vor nicht allzu langer Zeit waren die Zollkontrollen eher lax.

In unschöner Regelmäßigkeit berichten Schutzorganisationen und die Presse über Rekord-Beschlagnahmungen von Schildkröten und Schildkrötenprodukten auf dem Weg ins Reich der Mitte. Im August 2020 zum Beispiel meldete die US-Tageszeitung *The Miami Herald* einen Rekordfund am Miami International Airport. Die US-Zollbehörde *Customs and Border Protection* (CBP) stellte mehr als 1400 blau gefärbte Schilde von Rückenpanzern sicher, die als »Plastik-Recycling« gekennzeichnet waren. Die essellergroßen Schuppen stammten von ungefähr 100 Echten Karettschildkröten und Grünen Meeresschildkröten und waren eine der größten Sicherstellungen von Meeresschildkrötenpanzern in der Geschichte der USA. Die Schuppen wurden in Boxen gefunden, die mit einem Flug aus der Karibik in Miami ankamen und einen Tag später auf einen anderen Flug in Richtung Asien verladen werden sollten. Aufgrund seiner Lage ist Miami zu einem Einfallstor für den illegalen Export dieser Tiere von der Karibik und Südamerika nach Asien und Europa geworden. Die Stadt ist bereits ein globales Drehkreuz in der Import-Export-Industrie und der Haupteinfuhrhafen für exotische Tiere und Pflanzen, schmutziges Gold sowie Haifischflossen. Laut den lokalen Behörden stammten etwa 65 Prozent der etwas mehr als 130 Kilogramm Schuppen von Echten Karettschildkröten und 35 Prozent von Suppenschildkröten, welche wahrscheinlich in der Karibik oder in Mittelamerika gefangen worden waren. Der *U.S. Fish and Wildlife Service*, eine dem Innenministerium unterstellte Behörde, deren Aufgabe die Erhaltung der Natur und ihrer Artenvielfalt in den USA ist, konnte allein im Jahr 2016 etwa 1400 Produkte aus Meeresschildkröten sicherstellen.

Die Internet-Nachrichtenseite *Business Insider* berichtete im Dezember 2018 von einer Polizeirazzia gegen den illegalen Handel in China, bei der Meeresschildkrötenprodukte, darunter Brillen, Kugelschreiber und Armbänder aus Schildpatt mit einem Straßenverkaufswert von rund 144 000 US-Dollar beschlagnahmt wurden. Die dortige Polizei bemüht sich zwar, den illegalen Handel zu unterbinden – in China ist das Töten, der Transport und der Handel mit Meeresschildkröten per Gesetz verboten –, doch die Anstrengungen der Behörden haben noch viel Spielraum nach oben.

Im Mai 2007 wurde ein illegales chinesisches Fischerboot mit 397 toten Schildkröten an Bord in der Provinz Ost-Kalimantan auf der Insel Borneo in Indonesien beschlagnahmt. Alle Tiere, 296 Echte Karettschildkröten, 90 Suppenschildkröten und eine Oliv-Bastardschildkröte, waren mit Formaldehyd, einem Konservierungsmittel, behandelt worden. Der Kapitän des Bootes wurde später zu vier Jahren Gefängnis auf Borneo verurteilt und die 22-köpfige Crew nach China abgeschoben.

Auch wenn noch lange nicht rigoros genug gegen die Wilderer und Schmuggler vorgegangen wird, zeigt sich doch, dass die Geld- und Haftstrafen zunehmend härter ausfallen. Mehrere Medien berichteten, dass im Jahr 2018 in Vietnam eine der, nach den vietnamesischen Wildtiergesetzen, härtesten Strafen der letzten Jahre verhängt wurde. Der vietnamesische Staatsbürger Hoang Tuan Hai wurde wegen des illegalen Handels von 7000 toten Meeresschildkröten zu vier Jahren und sechs Monaten Gefängnis verurteilt. Die Tiere wurden nach einer dreijährigen verdeckten Ermittlung in Lagerhäusern und

auf einer Farm außerhalb von Nha Trang, einer Strandstadt etwa 400 Kilometer von Ho-Chi-Minh-Stadt entfernt, gefunden. Die teilweise oder vollständig chemisch präparierten Echten Karettschildkröten mit einem Gesamtgewicht von etwa zehn Tonnen sollten laut Angaben der lokalen Behörden als Trophäen nach China verkauft werden. Meeresschildkröten sind in der chinesischen Kultur ein Symbol für Status, Glück und Langlebigkeit, gelten als Zierobjekte und werden in der traditionellen chinesischen Medizin und zur Abwehr böser Geister verwendet.

Doch auch wenn China der größte Abnehmer von Meeresschildkrötenprodukten ist, so werden die Tiere weltweit gehandelt. Besonders begehrt sind die Hornschuppen der Rückenschilde von Suppenschildkröten und die beider Karettschildkrötenarten. Vor allem Letztere werden aufgrund ihrer besonderen Färbung und Maserung zur Herstellung von Ziergegenständen aus Schildpatt verarbeitet.

Schön, schöner, Schildpatt

Wahrscheinlich hat jeder von uns zu Hause den einen oder anderen Gegenstand in Schildpatt-Optik. Ich zum Beispiel habe eine Brille und Haarklammern aus dem braun-beige gesprenkelten halbtransparenten Material. Sowohl Brille als auch Haarschmuck sind aber natürlich nicht aus echtem Schildpatt gefertigt, sondern aus Kunststoff. Das echte Schildpatt (vom Niederländischen *Schildpadde* für Schildkröte) ist ein hornartiges Material, das in großen Schuppen den Panzer von Meeresschildkröten bedeckt. Es besteht zum größten Teil aus Keratin, dem Hauptbestandteil unserer Haare und Nägel, und variiert in Farbe, Helligkeit und Struktur sowohl zwischen den Arten, als auch von einem Individuum zum anderen. Die Zeichnung des Schildpatts ist abhängig vom Verbreitungsgebiet der Tiere: Während zum Beispiel hellgelbes Schildpatt mit einer braunen bis schwarzen Zeichnung vorwiegend von Tieren aus Ostindien stammt, sieht das Schildpatt von Meeresschildkröten aus Amerika meist rot-fleckig aus. Die Zeichnung ist ein Qualitätsmerkmal, und einfarbig helles Schildpatt galt und gilt als teure Rarität. Die Maserung des Schildpatts von Echten Karettschildkröten ist besonders schön und das Horn ist dicker als bei anderen Arten, weshalb die vom Aussterben bedrohten Tiere bis heute das Hauptziel der Wilderer zur Gewinnung des kostbaren Materials sind. Da Echte Karettschildkröten sich vorwiegend in Korallenriffen aufhalten, ist die fleckige Färbung der Hornplatten auf dem Panzer die ideale Tarnung vor natürlichen Fressfeinden. Die Tiere fügen sich so gut in das Riff ein, dass ich schon oft fast mit der Nase an eine schlafende Meeresschildkröte geschwommen bin, bevor ich sie endlich entdeckt habe (siehe Bildteil).

Leider hilft den Tieren jedoch auch die beste Tarnung nichts gegen das gierigste aller Raubtiere: den Menschen. Laut einer im Jahr 2019 veröffentlichen Studie, die auf Daten aus dem Atlantik, dem Pazifik und dem Indischen Ozean zurückgreift, wurden während eines 148-jährigen Zeitraums von 1844 bis 1992, ungefähr neun Millionen Echte Karettschildkröten wegen ihrer Panzer bzw. ihres Schildpatts erlegt – mehr als das Sechsfache früherer

Schätzungen! Die Forscher*innen gehen sogar noch von einer wesentlich höheren Anzahl getöteter Tiere aus, da sie nur über spärliche historische Fangdaten aus dem Atlantik und dem Indischen Ozean verfügten. Gemittelt über den gesamten Untersuchungszeitraum, ergab die Studie eine jährliche »Ernte« von etwa 60 000 Schildkröten, was mehr als das Doppelte der aktuellen globalen Populationsschätzung für fortpflanzungsfähige Weibchen entspricht. Der *U. S. Fish and Wildlife Service* schätzt die aktuelle Population Echter Karettschildkröten in ihrem gesamten tropischen Verbreitungsgebiet auf weniger als 25 000 nistende Weibchen!

Schildpatt wird schon seit Jahrtausenden genutzt, und Funde belegen, dass schon die alten Ägypter und die Römer dieses Material verarbeiteten. Von einem circa 75 Kilogramm schweren Tier kann man mit einer brauchbaren Schildpattausbeute von etwa 2,5 Kilogramm rechnen. Um das hornartige Material zu gewinnen, wurden die Schuppen des Rückenpanzers verwendet. Diese konnten nur durch Erhitzen vom Panzer getrennt werden, zum Beispiel durch das Kochen des lebenden Tieres. Danach kochte man die Platten in Salzwasser weich und flexibel, um sie anschließend in einer Presse zu glätten. Für die weitere Verarbeitung wurde das Schildpatt durch Polieren veredelt. In Japan entwickelte sich ein ganzer Handwerkszweig um die Produktion und Weiterverarbeitung von Schildpatt, *Bekkô-zaiku* genannt. Ab dem Ende des 16. Jahrhunderts wurde es auch in Europa zur Herstellung von Luxus- und Ziergegenständen sowie zur Veredelung von Oberflächen hochwertiger Möbel und Kunstgegenstände – der sogenannten Boullemarketerie oder Boulletechnik – verwendet.

Bis heute wird Schildpatt, trotz des Handelsverbots durch das Washingtoner Artenschutzübereinkommen, verarbeitet, und der Schwarzmarkt mit Schildpatt-Rohmaterial und den verarbeiteten Produkten boomt. Einzig Japan handelte international noch bis 1994 offiziell mit dem begehrten Material, bevor es sich dem Abkommen vollständig anschloss. Seitdem werden national nur noch Restbestände von Schildpatt oder im Land gefangene Tiere verarbeitet. Doch der illegale Handel geht weiter, wie eine in 2020 veröffentlichte Untersuchung zeigt, denn in mindestens 40 Ländern wird Schildpatt aktiv verkauft. Basierend auf den Recherchen verschiedener Organisationen ergeben konservative Schätzungen, dass zwischen 2017 und 2020 46 448 Produkte aus Schildkrötenpanzern in Läden, persönlich und im Internet zum Verkauf angeboten wurden. Indonesien führt die Liste mit 29 326 Produkten an, welche hauptsächlich im Internet angeboten wurden. In südamerikanischen Ländern wie Nicaragua, Kolumbien und Costa Rica werden Produkte aus den Panzern Echter Karettschildkröten in großen Mengen offen in Läden oder von Hand zu Hand verkauft. Werden die Schuppen poliert, kommen die unterschiedlichen Farbmuster des Schildpatts noch besser zum Vorschein und das Material wird zu Armbändern, Ringen, Kämmen und Haarschmuck, Gitarrenplektren und anderen Souvenirs und Luxusartikeln verarbeitet.

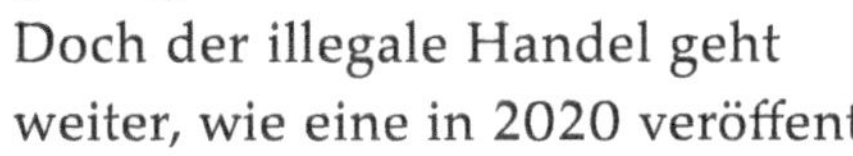

In der Asservatenkammer des Hauptzollamts Frankfurts konnte ich diverse Schmuckstücke, aber auch ganze ausgestopfte Tiere »bewundern«, welche die Wände ihrer Käufer hätten zieren sollen. Die Echte Karettschildkröte ist möglicherweise die am stärksten ausgebeutete Meeresschildkrötenart, da sie als einzige ausschließlich wegen ihres Panzers gejagt wird – ihre Schönheit ist ihr zum Fluch geworden.

Supernasen

Doch wir wollen nicht nur klagen: Um dem Artenschwund Einhalt zu gebieten, wird weltweit gegen den Handel mit bedrohten Tier- und Pflanzenarten vorgegangen – und das durchaus mit Erfolg. Mit an vorderster Front für den Artenschutz stehen dabei ebenfalls Tiere, von denen ich schon berichtet habe: Den feinen Nasen der Artenschutzspürhunde im Dienste des Zolls entgeht bei ihren Kontrollen nicht die kleinste Duftspur. Ihnen, ihren Ausbildern und ihren Hundeführern ist es zu verdanken, dass der Artenschmuggel vielfach aufgedeckt und den Händlern das Handwerk gelegt wird.

Um mehr über den Schmuggel von geschützten Arten zu erfahren, durfte ich einen Tag lang Frankfurter Zollbeamte und ihre Hunde bei ihrer Arbeit begleiten. Nela, eine junge Hundedame, gehört zur zweiten Generation der Spürhunde für geschützte Arten beim Frankfurter Zoll. Der Schäferhündin bei ihrer Arbeit zuzuschauen, war ein sehr beeindruckendes Erlebnis, da sie unglaublich konzentriert und effizient arbeitet. Dabei agiert sie wie ein verlängerter Arm ihres Hundeführers, des Zollbeamten Guido Nikl, der sie durch am Boden stehende Gepäckstücke dirigiert. Diese stehen mit Abstand zueinander in zwei Reihen in einer großen, gut belüfteten Lagerhalle, sodass Nela bequem jedes der Gepäckstücke beschnuppern kann, ohne von anderen Gerüchen abgelenkt zu werden.

Nela und die anderen Artenschutzspürhunde des Zolls sind in der Lage, in nur 15 Minuten 400 bis 500 Gepäckstücke zu durchsuchen. Wenn sie etwas finden, bleiben sie so lange still stehen und zeigen mit ihrer Nase auf das Gepäckstück, bis ihr Hundeführer ihnen ein Kommando gibt und sie für ihre Arbeit belohnt (siehe Bildteil). In Nelas Fall ist das ihr Lieblingsspielzeug, mit dem sie zur Belohnung spielen darf. Für einen Augenblick vergisst sie, dass sie im Dienst ist, und jagt begeistert dem Ball hinterher, wenn Herr Nikl sie mit einem Wurf belohnt.

Dass es überhaupt so spezialisierte Diensthunde wie Nela in Deutschland gibt, ist keine Selbstverständlichkeit. Erst im Jahr 2007 wurde mit der Ausbildung der ersten Generation von Artenschutzspürhunden in Deutschland begonnen. Auf die Initiative des Zolls in Frankfurt und in Zusammenarbeit mit der Naturschutzorganisation WWF wurden die ersten Versuche mit Spürhunden im Jahr 2004 gestartet. Die Tiere, die normalerweise als Rauschgiftspürhunde eingesetzt wurden, sollten lebende Tiere in Gepäckstücken ausfindig machen. Die Versuche verliefen so erfolgreich, dass beschlossen wurde, ein nationales Programm zur Ausbildung von speziellen Artenschutzspürhunden zu starten. Von Anfang an dabei: Herr Nikl mit den Hunden Uno und Amy, die nach erfolgreich abgeschlossener Ausbildung ab 2008 eingesetzt wurden.

Die Auswahl der Tiere, die die Ausbildung zum Artenschutzspürhund durchlaufen, beruht auf mehreren Kriterien: Die Tiere müssen gesund und zwischen 1,5 und

zwei Jahren alt sein, Lärm und viele Menschen dürfen sie nicht aus der Ruhe bringen, und sie müssen über eine gute Motorik und einen stark ausgeprägten Spiel- und Beutetrieb verfügen. Die Rasse der Hunde hingegen spielt keine Rolle. Lernen Hund und Hundeführer*in sich in der vierwöchigen Probezeit zu vertrauen und aufeinander zu verlassen, kann die Ausbildung beginnen. Von der Auswahl der Tiere bis zum Ende der Ausbildung vergehen gut zwei Jahre, und sie kann bis zu 25 000 Euro kosten.

Wie die menschlichen Angestellten auch, so bekommen die Hunde, wenn sie zu alt oder zu krank für ihre Arbeit sind, eine Rente und dürfen bei ihren jeweiligen Hundeführer*innen ihren Lebensabend genießen. Doch ganz wie bei uns Menschen, fällt es manchen Hunden schwer, sich an das Rentnerdasein zu gewöhnen. Nach zehn Jahren im Dienst des Artenschutzes brauchte der Labradorrüde Uno ein paar Monate, um zu lernen, dass er nicht mehr täglich an den Flughafen zur Arbeit muss, sondern zu Hause bleiben und die Arbeit seinen jüngeren Artgenossen, wie Nela, überlassen darf. Die junge Schäferhündin ist seit ihrem Amtsantritt sehr erfolgreich und konnte, zusammen mit den anderen Artenschutzspürhunden aus der Staffel, im Jahr 2019 123 Aufgriffe verbuchen und bis Juni 2020, trotz der Corona-Pandemie, weitere 41. Mehr als die Hälfte der gefundenen Produkte tierischen Ursprungs, die am Frankfurter Flughafen sichergestellt werden, stammt dabei von Tieren aus dem Meer. Größtenteils handelt es sich um tonnenweise getrocknete Haiflossen aus Südamerika, Mexiko und Granada, die vor allem für den asiatischen Markt bestimmt sind.

Der illegale Handel mit Produkten aus Meeresschildkröten setzt die Bestände zwar stark unter Druck, aber viel bedeutender sind die Auswirkungen der Fischerei, der Meeresverschmutzung mit Müll und des Klimawandels. Der Fortbestand der sieben Arten ist daher leider ungewiss.

Eine ungewisse Zukunft

Meeresschildkröten sind aufgrund ihrer langen Wanderungen, über Ländergrenzen hinweg und durch ganze Ozeane besonders vielen Gefahren ausgesetzt. Nicht nur die Wilderei ist ein großes Problem, sondern auch Krankheiten und der Verlust ihrer jahrzehntelang genutzten Brutgebiete durch die Bebauung ihrer Niststrände. Die Erwärmung durch den Klimawandel verschiebt das Geschlechterverhältnis innerhalb der Populationen und zu allem Überfluss schwimmen bald mehr Plastikteile als Fische in den Ozeanen. Die größte Gefahr für die Tiere geht weltweit jedoch vom unbeabsichtigten Fang – auch als »Beifang« bekannt – in der Fischerei aus. Meeresschildkröten ertrinken jährlich zu Tausenden in Schlepp- und anderen Fischernetzen oder verenden an den Köderharken der Langleinenfischerei.

Pepita – eine Meeresschildkröte mit Arthritis

Im Zuge meiner Recherche bin ich auf eine Forschungsstation in der Nähe von Neapel aufmerksam geworden, an der die Meeresbiologin Dr. Sandra Hochscheid und ihr

Team an Meeresschildkröten forschen und auch verletzte Tiere rehabilitieren.

Ende September 2021 war es endlich so weit, und ich konnte mich auf den Weg nach Italien machen, um mehr über die Arbeit des Teams und die Tiere zu erfahren.

Nach einem knapp zweistündigen Flug von Frankfurt nach Neapel, mit Koffer und Krücke (ich hatte mir fünf Wochen zuvor die Außenbänder meines linken Fußgelenks gerissen), kam ich endlich am späten Abend am neapolitanischen Flughafen an. Mit einem Taxi ging es dann weiter zu meiner Unterkunft in Portici, einem Stadtteil, der zum Großraum Neapel gehört. Von hier aus sollte ich nun zehn Tage lang auf einer Krücke über das unebene Kopfsteinpflaster und durch den dichten Verkehr humpeln, um zum Institut zu gelangen.

Erreichte ich nach einem 30-minütigen Marsch durch die Abgase der Autos, die stickige Hitze, den Lärm und Dreck der Stadt endlich das Institut, fühlte es sich an, als würde ich eine kleine, friedliche Oase betreten. Das Gebäude mit seinen ockergelben und rostroten Streifen liegt, eingekuschelt zwischen Bahngleisen, dem städtischen Seebad und einem kleinen palmengesäumten Park, direkt am Mittelmeer. Das ***Centro Ricerche Tartarughe Marine***, also das Forschungszentrum für Meeresschildkröten, gehört zur Zoologischen Station Neapel (italienisch: *Stazione Zoologica Antonio Dohrn*), einer der ältesten und renommiertesten biowissenschaftlichen Forschungsstationen weltweit. In diesem Institut, das mit seinen hohen Decken, den Rundbögen im Inneren und den großen Fenstern an eine Kapelle erinnert, wird nicht nur geforscht, sondern es ist auch eine der größten Auffangstationen Italiens für verletzte Meeresschildkröten. Die von den Decken hängenden lebensgroße Modelle von Meeresschildkröten vermitteln einem das Gefühl, als würde sie über den Köpfen der Besucher friedlich ihre Bahnen ziehen und so über ihre kranken Artgenossen wachen.

Es ist schon etwas ironisch, dass in diesem Gebäude, das einmal das städtische Schlachthaus beherbergte, Tiere heute wieder gesund gepflegt werden. Auf einer Innenfläche von 600 Quadratmetern finden sich Büros, Labore, eine Ambulanz, eine Radiologie, OP-Säle und Multimedia-Räume, sowie eine pädagogische Abteilung für interessierte Besucher*innen und nicht zuletzt die Becken, in denen die Tiere bis zu ihrer vollständigen Genesung verbleiben. Während meines Aufenthalts Ende September 2021 wurden dort 15 Unechte Karettschildkröten (*Caretta caretta*) behandelt. Die Gründe, warum die Tiere Hilfe benötigten, reichten von Kollisionen mit Booten und deren Propellern über gefressenen Plastikmüll bis hin zu Verletzungen durch Fischernetze, Angelhaken und -leinen. Dabei kamen die Tiere nicht nur aus der Region Kampanien, zu der Neapel zählt, sondern auch aus Sizilien, der Toskana, dem Großraum Rom und aus Apulien.

Leider sind alle Becken meistens besetzt, da der Strom an verletzten und kranken Tieren nicht abnimmt. Während im Jahr 2020 insgesamt 30 verletzte Tiere aufgenommen und gesund gepflegt wurden, waren es im Jahr 2021 bis Ende September schon 44 Tiere. Die Behandlung der Verletzungen ist mitunter sehr langwierig; sie kann Wochen, Monate und in sehr wenigen Fällen auch Jahre in Anspruch nehmen. Sind die Meeresschildkröten wieder vollständig genesen, werden sie an verschiedenen Stränden oder von Booten aus ins Meer entlassen. Diese Tage sind besonders – nicht nur für das Team des Instituts, sondern auch für die Öffentlichkeit. Vor der Corona-Pandemie wurde das Freilassen der Tiere als Gelegenheit genutzt, um die Menschen, die diesen Events beiwohnen durften, für den Schutz der einzigartigen Tiere zu sensibilisieren.

Im Innenbereich stehen 14 Becken, die mit gereinigtem und temperiertem Meerwasser versorgt werden. Hier fällt dem Besucher sofort der salzige Geruch auf, den das Meerwasser in den Rehabilitationsbecken verströmt, und man hört es von allen Seiten plätschern. Jeder der blauen Kunststoffbehälter fasst um die 1000 Liter Meerwasser, und in jedem dieser Becken schwimmt ein verletztes Tier. Die Wasserbecken sind oben offen und haben an der Vorderseite ein Sichtfenster, sodass die Tiere gut beobachtet werden können. Je drei nebeneinander stehende Becken bilden ein in sich geschlossenes System. So können Parameter wie zum Beispiel Temperatur, pH-Wert und der Salzgehalt des Wassers individuell angepasst und überwacht werden. Um die schon geschwächten Tiere nicht weiter mit Verschmutzungen und Krankheitserregern zu belasten, durchläuft das Meerwasser, bevor es in die Becken der Tiere gelangt, verschiedene Reinigungsstufen, bei denen Sand, Proteine und Fette aus dem Wasser gefiltert werden. Zusätzlich wird das Wasser mithilfe von UV-Licht sterilisiert und erst dann in die Becken gepumpt. Natürlich fallen durch die regelmäßigen Fütterungen mit verschiedenen Fischen wie Kabeljau, Goldsardinen und Sardellen Essensreste sowie Fäkalien an, die das Wasser verschmutzen. Daher sorgen Wasserzu- und -abfluss für einen stetigen Durchlauf: Pro Tag werden etwa zehn Prozent des Wassers ausgetauscht. Zudem werden Wände und Böden der Bassins mehrmals pro Woche mit einem Besen geschrubbt, um Algen und Speisereste zu entfernen.

Über die Gesundheit der Tiere wachen der Veterinär Dr. Andrea Affuso und sein Team. Kommen neue Patienten im Institut an, werden sie zuerst gewogen und vermessen und dann sowohl äußerlich als auch mithilfe von Röntgen- und Ultraschallgeräten untersucht. Während meines Aufenthaltes wurden gleich zwei neue verletzte Tiere ins Institut gebracht; sie wurden später Crudelio und Fiammetta getauft. Beide Tiere wurden in Sizilien gerettet und dann nach Neapel gebracht. Fiammetta, die kleinere der beiden Meeresschildkröten, war auf den ersten Blick schwerer verletzt als Crudelio. Ihre Vorderflosse war von einer Angelleine abgeschnürt und so fast vom Körper abgetrennt worden. Um den Grad der Verletzung genau zu bestimmen zu können und weitere Maßnahmen zur Rehabilitation einzuleiten, wurde das Tier von Andrea geröntgt. Nachdem er sich ein Bild über das Ausmaß der Verletzung machen konnte, wurde die Wunde versorgt und die Vorderflosse nah am Körper des Tieres geschient. So konnte sichergestellt werden, dass die Flosse nicht weiter belastet wurde und Zeit zum Heilen bekam.

Im Laufe meiner Zeit durfte ich viel über die Geschichten der dort behandelten Tiere lernen. Die kleine Pepita zum Beispiel, die an einem Strand in der Toskana gefunden und Ende April 2021 ins Institut gebracht worden war, litt an Arthritis. Ähnlich wie bei uns Menschen war sie deswegen stark bewegungseingeschränkt und wurde sowohl medikamentös als auch physiotherapeutisch behandelt. Während sie die Bewegungstherapie eher stoisch über sich ergehen ließ, konnte man deutlich ihr Wohlbefinden erkennen, wenn ein Wasserstrahl ihren Panzer massierte (siehe Bildteil). Das eine oder andere Mal kamen mir aber auch die Tränen, denn manche der Tiere hatten einen langen und furchtbaren Leidensweg hinter sich. Viel zu oft werden Meeresschildkröten Opfer von Kollisionen mit Booten und Bootspropellern. Im Institut gab es einige Tiere, denen die Propeller tiefe Wunden in Rückenpanzern und Organen geschnitten und teilweise oder ganz die Flossen abgetrennt hatten. Verletzungen durch Bootspropeller oder Kollisionen mit Booten machten etwa ein Drittel der Verletzungen der dort behandelten Tiere aus. Ein weiteres Drittel kämpfte mit Verletzungen durch Angelleinen und Fischernetze, und das letzte Drittel litt an den Folgen von gefressenem Plastikmüll. Nicht alle Tiere, die im Institut landen, schaffen es, sich wieder so weit zu erholen, dass sie fit für die freie Wildbahn sind. Sie müssen dann entweder eingeschläfert oder in andere Aquarien gebracht werden. Dort leben sie dann bis zum Ende ihrer Tage und leisten mit ihrer Geschichte Aufklärungsarbeit, um die Besucher für die Gefahren zu sensibilisieren, denen diese Tiere ausgesetzt sind. Und Gefahren gibt es im Meer viele.

Die größte Gefahr für Meeresschildkröten geht von der kommerziellen Fischerei und der immer weiter ansteigenden Nachfrage der Konsumenten nach Fisch und anderen Meerestieren aus. Laut der FAO (*Food and Agriculture Organization of the United Nations*), der Ernährungs- und Landwirtschaftsorganisation der Vereinten Nationen, erreichte die weltweite Fischerei- und Aquakulturproduktion im Jahr 2020 einen Rekordwert von 214 Millionen Tonnen (178 Millionen Tonnen Wassertiere und 36 Millionen Tonnen Algen). Von den Fischen und anderen Meerestieren wurden 89 Prozent für den menschlichen Verzehr verwendet, aus dem Rest wurde hauptsächlich Fischmehl und

Fischöl hergestellt. Pro Kopf lag der Verzehr im Jahr 2020 bei satten 20,2 Kilogramm – mehr als das Doppelte des Durchschnitts von 9,9 Kilogramm in den 1960er-Jahren. Aufgrund der zunehmenden Nachfrage rechnet die Fischereiindustrie mit einem Produktionsanstieg bis zum Jahr 2030 auf voraussichtlich 202 Millionen Tonnen Meerestiere, aufgeteilt auf 106 Millionen Tonnen aus der Aquakultur und 96 Millionen Tonnen aus der Fangfischerei. Um so viele Tonnen Fisch, Muscheln, Hummer und andere Tiere zu fangen, bedarf es einer großen Anzahl an Fischereifahrzeugen. Deren geschätzte Gesamtzahl betrug im Jahr 2020 ganze 4,1 Millionen, wobei die asiatischen Länder mit etwa zwei Dritteln über die größte Fischereiflotte verfügen.

Wo viel gefischt wird, landen aber nicht nur die Zielarten in den Netzen und an den Angelleinen, sondern auch viele andere Arten und Fische, die noch zu klein sind, um angelandet werden zu dürfen. Die toten und halb toten Tiere sind für die Fischerei wertlos und werden meist wie Müll zurück ins Meer geworfen. Weltweit gilt der Beifang in der Fischerei als die größte Bedrohung für langlebige marine Megafauna, wie zum Beispiel Wale und Delfine, Robben, Seevögel, Haie und Rochen und natürlich auch Meeresschildkröten.

Die FAO schätzt, dass weltweit zwischen 2010 und 2014 jährlich etwa 9,1 Millionen Tonnen Beifang bei einer Gesamtfangmenge von jährlich 84,6 Millionen Tonnen anfielen. Das sind knapp elf Prozent Beifang. Umweltschutzorganisationen gehen aktuell von einer weit höheren Menge aus: Greenpeace schätzt den Beifang zwischen 6,8 bis 27 Millionen Tonnen jährlich, und der WWF geht sogar von bis zu 40 Prozent Beifang, also rund 38,5 Millionen

Tonnen, pro Jahr aus. Der größte Teil der Beifänge stammt dabei aus Grundschleppnetzen, gefolgt von Stellnetzen und der Langleinenfischerei. Diese drei Fangmethoden sind auch für den Tod der meisten Meeresschildkröten verantwortlich. In dem Kapitel »Hungrig nach Meer« in meinem ersten Buch beschreibe ich diese und weitere Arten der Fischerei und deren Auswirkungen detaillierter.

Schätzungen zufolge verenden jährlich mindestens 20 Millionen Individuen, darunter eine Million Seevögel, zehn Millionen Haie, 650 000 Meeressäuger und 8,5 Millionen Meeresschildkröten, als Beifang in der weltweiten kommerziellen Fischerei. Laut einem in 2021 erschienen Bericht der FAO starben zwischen 2008 und 2019 jährlich allein im Mittelmeer vermutlich mehr als 9000 Meeresschildkröten nur durch die Grundnetzfischerei (bei rund 51 000 Fängen). Zwischen 27 000 und 31 000 Meeresschildkröten wurden in Stellnetzen gefangen (5300 bis 16 000 Tiere verendeten dadurch). In der Langleinenfischerei wurden jährlich etwa 12 000 Meeresschildkröten gefangen, von denen etwa 2600 verendeten. Der WWF geht sogar von über 150 000 Meeresschildkröten als Beifang aus, mit mehr als 50 000 Todesfällen pro Jahr.

Darüber hinaus werden viele Meeresschildkröten absichtlich getötet und sterben auch in Geisternetzen (siehe das Kapitel »Geister der Meere«) und anderen nicht mehr bewirtschafteten Fischereigeräten.

Vielleicht ist der eine oder die andere jetzt verwundert darüber, dass es im Mittelmeer so viele Meeresschildkröten gibt, da man sie beim Tauchen oder Schnorcheln nicht so häufig sieht. Tatsächlich aber beherbergt das Mittelmeer große Populationen der Unechten Karettschildkröte, der Grünen Meeresschildkröte und der Lederschildkröte.

Am häufigsten anzutreffen ist die Unechte Karettschildkröte, die im gesamten Mittelmeer verbreitet ist. Die Hauptnistplätze dieser Art finden sich in Griechenland, Libyen, der Türkei und in Zypern. Schätzungen zufolge gibt es im Mittelmeer zwischen 1,2 und 2,3 Millionen Individuen der Unechten Karettschildkröte. Grüne Meeresschildkröten hingegen sind weniger verbreitet; die Population wird auf 261000 bis 1,25 Millionen Individuen geschätzt. Man findet Grüne Meeresschildkröten hauptsächlich im östlichen Teil des Mittelmeeres, also in der Türkei, in Syrien und Zypern, dem Libanon, Israel, Ägypten, Griechenland und in Libyen. Ihre Hauptnistplätze befinden sich in der Türkei, auf Zypern und in Syrien. Die Populationen der beiden Schildkrötenarten sind heimisch im Mittelmeer und von den atlantischen Populationen isoliert. Allerdings schwimmen eine Vielzahl von atlantischen Karettschildkröten ins Mittelmeer und verteilen sich zumindest in den westlichen und zentralen Gebieten.

Wer aber Lederschildkröten im Mittelmeer finden möchte, muss großes Glück haben, denn sie sind dort nur sehr selten anzutreffen. Ihr Verbreitungsgebiet ist das gesamte Mittelmeerbecken, wo sie aber sehr wahrscheinlich nicht nisten. Ganz vereinzelt wurden auch schon Oliv- und Atlantik-Bastardschildkröten sowie Echte Karettschildkröten gesichtet, die aber ebenfalls nicht im Mittelmeerraum nisten. Diese drei Arten sind quasi nur Besucher, die auf einen Abstecher vom Atlantik ins Mittelmeer schwimmen.

Da Unechte Karettschildkröten die größte Populationsdichte im Mittelmeer haben, ist es auch kaum verwunderlich, dass sie auch am stärksten von der Fischerei betroffen sind. Die Tiere, die im *Centro Ricerche Tartarughe Marine* während meines Aufenthalts behandelt wurden, waren alles Unechte Karettschildkröten. Nettuno zum Beispiel wurde Ende Juli 2021 an einem Strand von Ischia, einer Vulkaninsel im Golf von Neapel, gefunden und ins Institut gebracht. Das Tier hatte eine Angelleine mit einem fast handtellergroßen Haken verschluckt, der sich tief in der Speiseröhre verhakt hatte. Glücklicherweise konnte der Haken vom Tierarzt des Instituts operativ entfernt werden, ohne dass dabei die Speiseröhre weiter verletzt oder die Lunge punktiert wurde. Neben den Haken selbst können jedoch auch die Leinen, an denen sie befestigt sind, leicht zum Tod von Meeresschildkröten führen – vor allem, wenn sie nach dem Verschlucken lang genug sind, um die Darmperistaltik zu beeinträchtigen. Leider ist es gängige Praxis, dass Fischer die Fangleinen vom Bootsdeck aus durchtrennen, während die gefangene Meeresschildkröte sich noch im Wasser befindet (das spart Zeit, denn Meeresschildkröten sind oft sehr schwer aus dem Wasser zu heben). Die oft mehrere Meter lange Angelschnur kann sich dann um Kopf und Extremitäten wickeln und diese verletzen, oder aber sie wird vom Tier verschluckt, was in beiden Fällen tödlich enden kann. Im Fall von Nettuno hatte sich die etwa einen Meter lange Angelleine schon von der Speiseröhre durch den Magen bis in den Darm gezogen. Um dem Tier eine weitere Operation zu ersparen, die ja immer mit großen Risiken behaftet sind, entschied sich Andrea, ein Endoskop in die Speiseröhre einzuführen und die Leine im Magen durchzuschneiden. So konnte der obere Teil der Leine vorsichtig entfernt und der Rest vom Tier über einen Zeitraum von einigen Wochen auf natürlichem Weg wieder ausgeschieden werden. Dabei wurde in regelmäßigen Abständen mithilfe eines

Ultraschalls kontrolliert, ob die Leine Spannung hatte und in den Darm einschnitt, was eine sofortige Operation zur Folge gehabt hätte. Nettuno hatte jedoch Glück im Unglück, konnte die Leine nach und nach ausscheiden und wurde nach seiner vollständigen Genesung wieder in die Freiheit entlassen.

Eine andere Meeresschildkröte, vom Team AhPerò! getauft, kam im Oktober 2020 schon mit einer teilweise amputierten Vorderflosse im Institut an. Das arme Tier hatte sich in einem alten Fischernetz verheddert, das sich bis auf die Knochen in das Fleisch der linken Vorderflosse gegraben hatte. Bei meinem Besuch, fast genau ein Jahr nach der Ankunft von AhPerò!, hatte sich das Tier immer noch nicht von seinen Verletzungen erholt, trotz mehrfacher OPs und intensiver medizinischer Betreuung. Ob das Tier jemals genesen wird oder ob es eingeschläfert werden muss, stand zum Zeitpunkt meines Besuches noch nicht fest. Bleibt zu hoffen, dass es am Leben bleibt und in ein überwachtes Außenbecken mit Verbindung zum Meer umziehen kann. In der Wildnis würde das Tier leider nicht überleben.

Doch nicht nur die aktive Fischerei bedroht Meeresschildkröten, sondern auch die passive – wie bei AhPerò!, der sich in einem Geisternetz verheddert hatte. Unter Geisternetzen versteht man alte Fischernetze, die entweder illegal ins Meer entsorgt wurden oder zum Beispiel bei rauer See verloren gingen.

Geister der Meere

So seltsam der Begriff »Geisternetz« zunächst anmuten mag, ist er doch sehr treffend. Die Netze sehen unter Wasser nämlich nicht nur aus wie Geister, die durch das Meer wabern, sie produzieren auch welche: Jedes Jahr sterben zahlreiche Meerestiere, wie Haie, Rochen, Meeressäuger, Seevögel und Meeresschildkröten, in diesen Netzen und anderen alten, vom Menschen aufgegebenen Fischereigeräten.

Schätzungen zufolge gelangen jedes Jahr etwa 640 000 Tonnen altes Fischereigerät in die Ozeane. Diese schwimmenden Todesfallen, die Hunderte Meter lang sein können, geistern im wahrsten Sinne des Wortes durch die Meere, akkumulieren sich in bestimmten Meeresbereichen und bleiben leider auch allzu oft in Korallenriffen hängen, wo sie ebenfalls für Tod und Zerstörung sorgen. Von ihrer enormen Zerstörungskraft konnte ich mich selber leider schon mehrfach überzeugen. Viel zu oft musste ich Netze und Angelleinen aus tropischen Korallenriffen entfernen oder Meeresschildkröten aus diesen vermaledeiten Geisternetzen befreien. Leider waren meine Rettungsversuche nicht immer von Erfolg gekrönt, und die Tiere erlagen kurz darauf den Folgen ihrer Verletzungen.

Während meiner Zeit auf den Malediven konnten wir einige Tiere aus den Netzen befreien, bei anderen kamen wir leider zu spät. Gerade während des Nordostmonsuns, von den Maledivern *Iruvai* genannt, treiben regelmäßig Geisternetze aus südostasiatischen Ländern wie Indien, Sri Lanka oder Thailand in die maledivischen Gewässer. Der Nordostmonsun kennzeichnet die Trockenzeit in dem tropischen Inselparadies, dauert normalerweise von

November bis April und lockt mit Sonnenschein und ruhiger See die meisten Touristen an. Eines sehr frühen Morgens wollten mein Team und ich den Gästen bei einem Bootsausflug die Delfine zeigen, die es zu Hunderten rund um die Inseln des Atolls gibt. Während wir die Routen abfuhren, auf denen wir die Tiere regelmäßig antrafen, entdeckte meine Kollegin Maxine eine Meeresschildkröte an der Wasseroberfläche. Dies war an sich nichts Besonderes, denn Meeresschildkröten gab es dort viele. Dieses Tier jedoch tauchte nicht ab, obwohl sich unser Boot nährte. Die Oliv-Bastardschildkröte hatte sich in einem Geisternetz und einer großen Plastikplane verfangen und konnte daher nicht mehr frei schwimmen.

Glücklicherweise konnten wir das Tier mit vereinten Kräften von Netz und Plane befreien, die sich um Hals, Vorder- und Hinterflossen geschlungen hatten. Nach dem wir die Meeresschildkröte an Bord unseres *Dhonis* (ein traditionelles maledivisches Boot), eingehend untersucht hatten und nur oberflächliche Schürfwunden feststellen konnten, ließen wir sie wieder frei. Natürlich beobachteten wir das Schwimmverhalten der Meeresschildkröte eine Weile, und da sie ohne Probleme schwimmen und abtauchen konnte, ließen wir sie ihres Weges ziehen. Das Netz und die Plastikplane nahmen wir mit zurück an Land, wo beides verbrannt wurde.

An einem anderen Tag, auf einer anderen Insel weiter im Süden der Malediven, hatten die Tiere, die wir in den Netzen fanden, nicht so viel Glück. An einem Nachmittag hatten Mitarbeiter des Hotels ein etwa fünf Meter langes und viele Kilo schweres Netz mit zwei verhedderten Oliv-Bastardschildkröten an den Strand gezogen (siehe Bildteil). Nach einigen Mühen konnten wir die geschwächten und verängstigten Tiere befreien und zur Untersuchung in die Wasserbecken des Tauchcenters bringen. Dort reinigten wir die Wunden, die bei dem kleineren Tier nur oberflächlich, bei dem größeren jedoch wesentlich gravierender waren. Das Netz hatte sich tief in das Fleisch von Vorderflosse und Nacken gegraben – wohl bei den verzweifelten Versuchen, sich zu befreien. Die Wunden waren stark entzündet und die Flosse so angeschwollen, dass wir uns entschlossen, das Tier gleich am nächsten Morgen in eine Meeresschildkröten-Klinik zu bringen. Die Organisation *Olive Ridley Project* kümmert sich dort seit Jahren sehr erfolgreich um verletzte Meeresschildkröten, und dank ihrer hervorragenden Arbeit wurde schon vielen Tieren eine zweite Chance geschenkt. Leider verstarb die schwer verletzte Meeresschildkröte über Nacht. Damit ihr Tod dennoch nicht völlig sinnlos war, vergruben wir sie im Sand, um die blanken Knochen Monate später wieder auszugraben und für unsere Ausstellung im *Eco Centre* zu präparieren. Dort erinnert sie bis heute mahnend an die Gefahren für Meerestiere durch Geisternetze. Das kleinere Tier hatte mehr Glück; wir konnten es noch am Tag der Rettung wieder ins tiefe Blau des Indischen Ozeans entlassen (siehe Bildteil).

Geisternetze finden sich in allen Gewässern, in denen gefischt wird, und sie stellen nicht nur eine Gefahr für die Wassertiere dar, sondern sie verschmutzen auch Strände, tragen fremde Arten in andere Lebensräume und sind eine Gefahr für den Schiffsverkehr. Da die Fischernetze seit den 1960er-Jahren nicht mehr aus biologisch abbaubaren Naturstoffen wie Sisal, Hanf oder Leinen hergestellt werden, sondern aus Polypropylen, Polyethylen und Nylon, bringen sie durch Zerfallsprozesse synthetisches Material in die Nahrungskette ein. Meeresströmungen und Winde transportieren sie in alle Ozeanschichten und in die entlegensten Winkel der Ozeane, wo sie sich zusammen mit anderem Plastikmüll akkumulieren.

Wie vorher schon kurz umrissen, gibt es große ozeanische Wirbel (engl: *gyre*), die durch Meerdriftungsströmungen gebildet werden. Die fünf größten Wirbel befinden sich im Nord- und im Südatlantik *(North und South Atlantic Gyre)*, im Nord- und im Südpazifik *(North und South Pacific Gyre)* sowie im Indischen Ozean *(Indian Ocean Gyre)* – sie werden auch als die *Big Five* bezeichnet. In diesen Wirbeln hat sich mittlerweile so viel Müll angesammelt, dass die Medien von »Müllteppichen« oder im Englischen von *Garbage Patches* sprechen. Der Begriff des Müllteppichs suggeriert leicht eine durchgehende Fläche Plastikmüll an der Meeresoberfläche, ähnlich den Bildern von zugemüllten Flüssen. Die Bilder, die in den Medien oft als Müllteppich die Runde machen, sind aber meist Bilder von Flussmündungen, aus denen sich der Müll in die Meere ergießt. In Wahrheit besteht ein Müllteppich eher aus kleinen und kleinsten Plastikfragmenten, die verteilt wie Konfetti an oder unterhalb der Wasseroberfläche treiben. Dazwischen findet sich auch größerer Plastikmüll wie alte Bojen, anderes altes Fischereigerät und eben Geisternetze.

Durch Wellenbewegung, biologische Prozesse und UV-Licht wird der Plastikmüll mit der Zeit spröde und zerfällt in immer kleinere Teile – er wird zum sogenannten Mikroplastik, doch dazu später mehr. Der meiste Müll hat sich im Nordpazifikwirbel *(North Pacific Gyre)* zwischen Kalifornien und Hawaii angesammelt und wird daher auch als *Great Pacific Garbage Patch* (GPGP) oder als Nordpazifischer

Müll-Akkumulationszonen in den „Big Five"

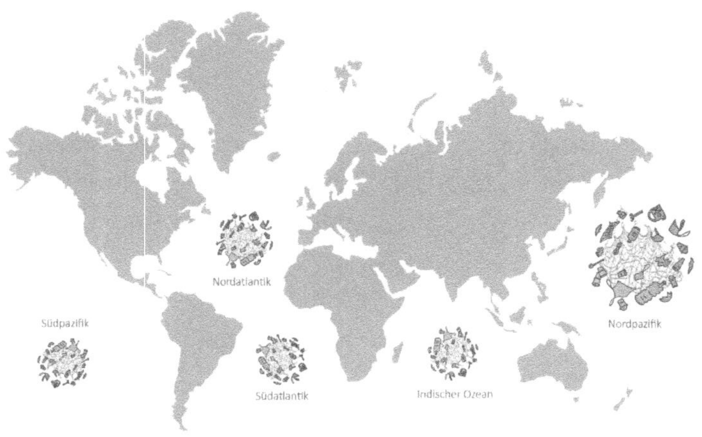

Müllteppich bezeichnet. Mit einer Fläche von 1,6 Millionen Quadratkilometern entspricht der *Great Pacific Garbage Patch* in etwa dreimal der Fläche Frankreichs oder viereinhalb Mal der Fläche Deutschlands. Eine kürzlich durchgeführte Studie über diese Plastikakkumulationszone im Nordpazifik schätzt die Masse des Müllteppichs im Nordpazifik auf etwa 80 000 Tonnen – das Vier- bis Sechzehnfache im Vergleich zu früheren Berechnungen. Laut der Organisation *The Ocean Cleanup,* die es sich zur ambitionierten Aufgabe gemacht hat, die Ozeane von Plastikmüll zu befreien, kommt das Gewicht in etwa dem von 500 Jumbojets gleich. Die Organisation schätzt, dass etwa 1,8 Billionen Plastikteile im GPGP schwimmen. Mehr als drei Viertel des Plastikmülls im GPGP, genau genommen zwischen 75 und 86 Prozent, stammen dabei von Geisternetzen und anderen aufgegebenen Fischereigeräten. Die von dem Forscherteam untersuchten Müllteile ließen auch Rückschlüsse auf die Herkunftsländer zu: Demnach entstammte ein Drittel des Plastikmülls aus Japan, ein weiteres Drittel aus China und der Rest in absteigender Reihenfolge aus Südkorea, den USA und Taiwan. Damit seien diese fünf Industrieländer für den meisten Müll aus der Fischerei im GPGP verantwortlich, was die wichtige Rolle der Fischereiindustrie bei der Lösung des Problems verdeutlicht, so das Fazit der Studie.

Von Plastik-Quellen und Plastik-Quallen

Doch in den Ozeanen schwimmt der Plastikmüll nicht nur in den Wirbeln, auch wenn er dort Hotspots bildet, sondern er verteilt sich auf die gesamte Wassersäule. Von der Wasseroberfläche bis in die Ozeangräben der Tiefsee, vom Nord- zum Südpol, in Korallenriffen und Mangrovenwäldern und selbst auf den abgelegensten Inseln: Plastik ist mittlerweile überall (siehe Grafik im hinteren Einband). Aufgrund dieses unvorstellbaren Ausmaßes und der damit verbundenen Gefahren für Mensch und Tier erklärte die UNO 2019 die Flut an Plastikmüll zu einer **planetaren Krise**. Das Umweltprogramm der Vereinten Nationen schätzt, dass sich derzeit zwischen 75 und 199 Millionen Tonnen Plastik in den Ozeanen befinden. Die Organisation *The Ocean Cleanup* geht sogar davon aus, dass seit den 1950er-Jahren also der Zeit, in der Plastik seinen Aufschwung erlebte, und 2015 zwischen 107 und 290 Millionen Tonnen Plastikmüll in die Ozeane gelangt sind – Tendenz weiter steigend. Dabei kommt der größte Anteil des Plastikmülls vom Land in die Meere. Gerade Flüsse spielen dabei eine entscheidende Rolle: Der Müll wird vom Inland in die Mündungsgebiete gespült und dann von Wind und Meeresströmungen weiter verteilt. Eine in dem Fachmagazin *Environmental Science & Technology* erschienene Studie aus dem Jahr 2017 geht davon aus, dass vor allem zehn Flüsse für 88 bis 95 Prozent des Mülls in den Meeren verantwortlich sind. Acht davon liegen in Asien. Doch auch Flüsse in Europa tragen zu einem nicht unerheblichen Anteil an der Vermüllung der Meere bei. Eine in der wissenschaftlichen Fachzeitschrift *Nature* veröffentlichte Studie aus dem Jahr 2021 schätzt, dass zwischen 307 und 925 Millionen Müllteile pro Jahr über europäische Flüsse ins Meer gelangen. Dabei macht der Anteil an Kunststoff etwa 82 Prozent der beobachteten Abfälle aus, hauptsächlich Bruchstücke von Einwegartikeln wie Flaschen, Verpackungen und Tüten.

Zwar gelangt der größte Anteil des Plastikmülls von landbasierten Quellen in die Meere, aber die Fischerei trägt mit einem Anteil von etwas über 20 Prozent zur **Plastikkrise** in den Ozeanen bei. Weitere Eintragsquellen von Plastikabfällen sind zum Beispiel der Verlust von Schiffsladungen bei rauer See, das Einleiten von Plastikpellets aus der Industrie oder die illegale Müllentsorgung in der Schifffahrt (siehe Grafik im hinteren Einband). Schätzungen zufolge gelangten im Jahr 2010 weltweit zwischen 4,8 und 12,7 Millionen Tonnen Plastikmüll vom Land ins Meer. Im Jahr 2016 waren es laut einer im Jahr 2020 in dem Fachmagazin *Science* erschienenen Studie sogar schon zwischen 19 und 23 Millionen Tonnen Plastikmüll weltweit. Das Autorenteam geht davon aus, dass der jährliche Eintrag von Plastikmüll in unsere Gewässer bis zum Jahr 2030 weltweit auf bis zu 53 Millionen Tonnen ansteigt, wenn nicht schnell wirksame Gegenmaßnahmen auf globaler Ebene getroffen werden.

Leider sieht es derzeit danach aus, als würden sich die Hochrechnungen bestätigen, da auch die Plastikindustrie mit einem vierfachen Anstieg der Plastikproduktion bis zum Jahr 2050 rechnet. Laut *Plastics Europe,* dem Verband der Kunststofferzeuger in Europa (einer der führenden europäischen Wirtschaftsverbände), wurden in 2020 weltweit 367 Millionen Tonnen Plastik (exklusive recyceltem Plastik) hergestellt. Dabei ist China mit 32 Prozent bei Weitem der größte Plastikhersteller, während Europa mit 15 Prozent im oberen mittleren Bereich liegt. Die Top Drei der Verarbeiter von Kunststoffen in der EU waren in 2020 Deutschland (23,3 Prozent), Italien (14,1 Prozent) und Frankreich (9,3 Prozent). In Deutschland findet der Kunststoff vor allem in der Verpackungsindustrie Verwendung, gefolgt von Baustoffen und der Automobilindustrie. Aufgrund der COVID-19-Pandemie erlebte die globale Jahresproduktion von Kunststoffen im Jahr 2020 einen kleinen Einbruch, nachdem sie sich von 234 Millionen Tonnen im Jahr 2000 auf 460 Millionen Tonnen im Jahr 2019 verdoppelt hatte.

Kunststoffe an sich sind in vielerlei Hinsicht eine großartige Erfindung, da sie leicht herzustellen, vielseitig einsetzbar und kostengünstig sind. Sie sind aus unserer Welt nicht mehr wegzudenken, und ohne Kunststoffe wäre Fortschritt in vielen Bereichen nicht möglich. Leider ist aus einem Wertstoff ein **Wegwerfstoff** geworden. Mit der immer weiter ansteigenden Produktion von Kunststoffen wächst natürlich auch die Menge an Abfall. Wurden im Jahr 2000 noch 156 Millionen Tonnen Kunststoffabfälle produziert, waren es 19 Jahre später schon 353 Millionen Tonnen, also mehr als das Doppelte! Laut einer Studie der OECD wurden nur neun Prozent der Kunststoffe recycelt, während 19 Prozent verbrannt wurden und fast 50 Prozent auf Mülldeponien landeten. Die restlichen 22 Prozent wurden auf unkontrollierten Deponien entsorgt, in offenen Gruben verbrannt oder gelangten in die Umwelt. Mit Ausbruch der COVID-19-Pandemie Anfang 2020 hat sich auch das Müllproblem verschärft, da die Nachfrage nach Einwegplastik gestiegen ist und in der Folge der Druck auf die Abfallentsorgungssysteme zugenommen hat.

Landet Plastik in der Umwelt, zerfällt es, wie schon angesprochen, durch Umwelteinflüsse zu **Mikroplastik**. In der Wissenschaft definiert man Mikroplastik als Plastikpartikel, die kleiner als fünf Millimeter sind. Das durch Zerfallsprozesse entstandene Mikroplastik wird als sekundäres Mikroplastik bezeichnet. Als primäres Mikroplastik bezeichnet man industriell hergestellte Plastikgranulate, die z.B. Kosmetikprodukten zugesetzt, in der Medizin, als Anstriche für Straßenmarkierungen oder Boote oder zum Sandstrahlen verwendet werden. Der Abrieb von Autoreifen sowie Plastikfasern von synthetischer Kleidung, welche während des Waschganges abbrechen, zählen ebenfalls dazu. Aber auch Mikroplastik kann weiter zerfallen und wird, wenn es kleiner als 0,1 Millimeter ist, zu Nanoplastik.

Sind die großen Teile an Plastikmüll, auch Makroplastik genannt, noch vergleichsweise einfach aus der Umwelt zu entfernen, so sieht das für Mikro- und Nanoplastikpartikel schon ganz anders aus. Leider kann Mikroplastik aus unserer Kosmetik, aus Reinigungs- und Waschmitteln und kleinste Faserteile aus unseren Kleidungsstücken, nicht vollständig von den Kläranlagen entfernt werden. Entweder landen sie mit dem gereinigten Wasser in Bächen und

Flüssen, oder sie kommen mit dem Klärschlamm als Dünger auf unsere Felder. Der Klärschlamm ist der Abfall der gereinigten Abwässer, welcher aus Wasser sowie aus organischen und mineralischen Stoffen besteht. Neben den wertvollen Nähr- und Humusstoffen, die ihn als Dünger so attraktiv machen, enthält er aber auch umwelt- und gesundheitsgefährdende Schadstoffe wie Chemikalien, Schwermetalle, Rückstände von Medikamenten und eben Mikroplastik. Diese können sich in den Böden anreichern, über die Pflanzen in die Nahrungskette und ins Grund- und Oberflächenwasser gelangen. Auch wenn in Deutschland das Ausbringen von Düngemitteln aus Klärschlamm nach den Vorschriften der Düngemittelverordnung geregelt ist, sollte in Zukunft die Nutzung von Klärschlamm noch weiter eingeschränkt werden. Immer mehr Klärschlamm wird daher thermisch verwertet, also verbrannt, wobei aber auch der für die Landwirtschaft wertvolle Phosphor verloren geht. Neue Verordnungen sehen vor, dass dieser ab 2029 rückgewonnen wird.

Eine viel kurzfristigere Lösung des Problems kann eine sogenannte Klärschlamm-Mineralisierungsanlage sein, wie sie derzeit im Testbetrieb in der Kläranlage des EVS (Entsorgungsverband Saar) in Homburg im Saarland läuft. Dabei handelt es sich um die bislang zweite Anlage dieser Art in Deutschland. Das Prinzip dieser Anlagen erlaubt nicht nur die Rückgewinnung des Phosphors, sondern auch die Eliminierung der meisten Schadstoffe, inklusive der des Mikroplastiks! Leider hat es diese innovative Technik bisher nicht über die Testphase hinaus geschafft, da die Zulassung seit Jahren durch die Politik und die Lobbyarbeit der Düngemittelindustrie blockiert wird.

Damit aber gar nicht erst so viel Mikroplastik aus den

Haushalten in den Kläranlagen landet, sind wieder einmal mehr die Verbraucher gefragt. Leider besteht in Deutschland nach wie vor nur eine »freiwillige Selbstverpflichtung« der Kosmetikhersteller, auf Mikroplastik zu verzichten, und Filtersysteme an Waschmaschinen gibt es auch noch nicht in Serie – ganz im Gegensatz zu Frankreich, wo Waschmaschinen ab 2025 mit einem Mikroplastikfilter ausgeliefert werden müssen. Mittlerweile besteht ein Großteil unserer Kleidung aber aus synthetischen Fasern wie Polyester, Nylon oder Acryl, sodass pro Waschgang viele Hunderttausende Fasern ins Abwasser abgegeben werden. Verbraucher können sich, damit diese Fasern nicht in die Umwelt gelangen, einen externen Mikroplastikfilter an die Waschmaschine anschließen oder die Wäsche in einem Spezial-Waschbeutel (zum Beispiel von *Guppyfriend*) waschen. Auf Mikroplastik in Waschmitteln, Weichspülern oder der Kosmetik lässt es sich auch ganz einfach verzichten, wenn man zertifizierte Naturkosmetik kauft oder aber die Inhaltsstoffe zum Beispiel mithilfe eines Smartphones und der CodeCheck-App (https://www.codecheck.info/so-gehts/mobil) überprüft. Denn landet das Mikroplastik über die Abwässer in aquatischen Ökosystemen, kann es dort von der Wasserfauna und kleinen Organismen wie dem Zooplankton mit ihrer natürlichen Nahrung verwechselt und gefressen werden. So verteilt sich das Mikroplastik im Nahrungsnetz und wird zu einer Gefahr für die Gesundheit von Mensch und Tier.

Unzählige Studien belegen mittlerweile die oft tödlichen Gefahren für Tiere, denn verschluckte Plastikteile können zu Störungen im Fressverhalten, zu Entzündungen, Verletzungen und Tod führen. Die im Plastik enthaltenden Zusatzstoffe wie Flammschutzmittel, Weichmacher, Stabilisatoren und Füllstoffe können Krankheiten auslösen, den Hormonhaushalt durcheinanderbringen, Entwicklungs- und Fortpflanzungsstörungen verursachen und vieles mehr. Die Stoffe gehen in die Umwelt über, schädigen Tier- und Pflanzenwelt und finden dabei auch ihren Weg in den menschlichen Körper. Da ich das Thema Kunststoff und die damit verbundenen Gefahren für Umwelt, Mensch und Tier schon ausführlich in meinem ersten Buch beschrieben habe, halte ich mich hier kurz und beschränke mich auf die Auswirkungen von Plastikmüll auf Meeresschildkröten.

Die immer weitere Zunahme an Plastikmüll in den Ozeanen ist für das Überleben von Meeresschildkröten, vorsichtig ausgedrückt, sehr herausfordernd. Auch wenn gerade in den Medien immer davon geredet wird, dass Meeresschildkröten Plastiktüten und anderes weiches Plastik im Meer mit Quallen verwechseln, so ist das wohl etwas zu bildlich beschrieben. Wahrscheinlicher ist, dass die Tiere einfach nach allem schnappen, was ihnen vor den Schnabel schwimmt, gut riecht (siehe Kapitel »Harte Schale, weicher Kern«) und irgendwie fressbar erscheint. Das haben auch die Proben im *Centro Ricerche Tartarughe Marine* bestätigt, die aus dem Magen-Darm-Trakt verendeter Tiere extrahiert wurden. Dort fanden sich im Darm eines einzigen Tieres weit über 50 Plastikteile – von Fasern aus Fischernetzen, über Hartplastikfragmente, Verpackungen von Süßigkeiten bis hin zu Fragmenten von Plastiktüten und Müllsäcken (siehe Bildteil). Andere Proben enthielten Styropor, Teile von Kabeln, Luftballons, Etiketten von Plastikflaschen, Angelschnüre und andere Teile von Fischereiequipment. Wie viele der dort behandelten Tiere, vor und wahrscheinlich auch nach ihr, schied die Patientin Lapilla selbst nach einem Monat in Pflege noch immer Plastikpartikel aus. Diese bestanden vor allem aus den blauen, weißen und grünen Fasern der Fischernetze. Wie auch bei Nettuno, so musste Lapilla ein Angelhaken aus der Speiseröhre entfernt werden, was glücklicherweise ohne einen größeren Eingriff gelang. Dennoch hatte die Unechte Karettschildkröte noch drei Wochen später Probleme, zu fressen und abzutauchen.

Kann eine Meeresschildkröte nicht mehr abtauchen, so ist das ein untrügliches Anzeichen dafür, dass es dem Tier nicht gut geht. Kranke Meeresschildkröten treiben dann hilflos an der Meeresoberfläche und können weder nach Nahrung suchen, noch sich vor Fressfeinden, Booten und Menschen in Sicherheit bringen. Leiden die Tiere an einer Auftriebsstörung, im Englischen als *floating syndrome* bekannt, gehören sie in professionelle Hände. Gründe für die Auftriebsstörung können eine Infektion der Lunge, Verletzungen der Wirbelsäule, Blähungen im Magen-Darm-Trakt aufgrund einer Infektion oder Verstopfung (z.B. durch Plastikmüll), Probleme im Innenohr oder ein Riss in der Lunge oder im Magen-Darm-Trakt sein, was zu einer Ansammlung von Luft in der Körperhöhle führt. Mitunter leiden die Tiere wochen- und sogar monatelang an dieser Auftriebsstörung. Bildet sich die Luftansammlung nicht von selber zurück, ist es geschulten Tiermedizinern möglich, diese mithilfe einer Spritze, die zwischen den Hinterflossen und dem Plastron in die Körperhöhle eingeführt wird, abzusaugen. Diese Prozedur kann je nach Bedarf in regelmäßigen Abständen wiederholt werden.

Doch gefressenes Plastik kann nicht nur zum *floating syndrome* führen, sondern im schlimmsten Fall zum Tod des Tieres. Eine Studie aus dem Jahr 2018 schätzt, dass rund die Hälfte aller Meeresschildkröten weltweit Plastik verschluckt haben – bei jungen Grünen Meeresschildkröten vor der Küste Brasiliens sind es sogar 90 Prozent! Dabei kann selbst ein einziges verschlucktes Plastikfragment mit einer Wahrscheinlichkeit von 22 Prozent zum Tod des Tieres führen. Steigt die aufgenommene Menge an Plastikteilen auf 14 Stück, steigt das Risiko zu sterben auf ganze 50 Prozent. Bei 200 verschluckten Fragmenten ist der Tod des Tieres unausweichlich, so die Studie weiter. Wie schon beschrieben, verhindern die Papillen in der Speiseröhre, dass die Nahrung, beziehungsweise das Plastik, hochgewürgt und wieder ausgespien werden kann. So kann das aufgenommene Plastik den Verdauungstrakt blockieren und innere Verletzungen verursachen, die dann möglicherweise zum Tod des Tieres führen.

Gerade junge Meeresschildkröten sind stark gefährdet, da sich ihr Lebensraum mit den Akkumulationszonen von Plastikmüll überschneidet. Die Plastikansammlungen in der Sargassosee schaden nicht nur den kleinen Meeresschildkröten, sondern auch anderen geschützten Tieren, die dort leben und sich vermehren, doch leider gibt es noch keine konkreten Pläne, dieses so wichtige Meeresgebiet großflächig zu schützen. Während unserer Expedition im Jahr 2015, die von dem Windsurfprofi Florian Jung initiiert wurde, konnten wir uns von den Ansammlungen kleinster Plastikpartikel in den Golftange der Sargassosee selber überzeugen.

Mit der Aquapower-Expedition wollten wir, eine Gruppe aus Windsurfern und Umweltschützern, den auf den ersten Blick unsichtbaren Müllteppich im Nordatlantik mithilfe von Web-Episoden und Updates von Board sichtbar machen. Unser Anliegen war es, den Menschen Fakten über das Ökosystem Meer näherzubringen und sie für das Plastikmüllproblem in unseren Ozeanen zu sensibilisieren. Die Segeltour führte uns von Guadeloupe zu den Jungferninseln, in die Dominikanische Republik, zu den Bermudas, quer durch den Nordatlantischen Müllteppich auf die Azoren und von dort ins Mittelmeer, wo wir nach 72 Tagen und 5290 Seemeilen, am 8. Juni, dem Tag der Ozeane, in Marseille von Bord gingen. Während der Fahrt entnahmen wir regelmäßig Proben mit einem Planktonnetz, in dem sich auch Mikroplastik sammelte. Gerade in dem dichten Geflecht der Braunalgen der Sargassosee fanden wir so viele Plastikpartikel, dass nur beim Eintauchen meiner Hand ins Wasser, diese mit Mikroplastikkonfetti gesprenkelt war (siehe Bildteil)! Dieses Erlebnis hat mich nachhaltig schockiert, und es motiviert mich bis heute, mich gegen die Vermüllung unserer Ozeane durch Plastik zu engagieren.

Doch nicht nur Kunststoff in seiner Endform stellt eine Gefahr für Meeresschildkröten dar, sondern auch der Grundstoff für Plastik: Erdöl. Einigen wird sicher noch eine der schlimmsten Umweltkatastrophen der Geschichte im Gedächtnis sein – die Explosion der Bohrinsel *Deepwater Horizon*. Im Jahr 2010 wurde der Golf von Mexiko Schauplatz der bisher schlimmsten Ölkatastrophe aller Zeiten, deren Auswirkungen bis heute spürbar sind. Die Explosion führte zu einem Großbrand der dem britischen Mineralölkonzern BP zugehörigen Bohrinsel, die daraufhin leckschlug. Bis zur provisorischen Abdichtung der Lecks gelangten knapp 800 Millionen Liter Rohöl und Erdgas ins Meer. Der Ölteppich, der sich an der Wasseroberfläche bildete, dehnte sich auf fast 10 000 Quadratkilometer aus, und das aus der Wassersäule ausfallende Öl verschmutzte rund 18 000 Quadratkilometer Meeresboden und begrub dort alles Leben unter sich.

Ölkatastrophen wie diese haben gravierende Auswirkungen auf Meeresschildkröten, da die Tiere nicht immer vor den Ölteppichen davonschwimmen können. Schätzungen deuten darauf hin, dass Tausende, wenn nicht sogar Hunderttausende Meeresschildkröten durch die Ölkatastrophe der *Deepwater Horizon* betroffen waren. Leider konnte den meisten Tieren aufgrund des unvorstellbaren Ausmaßes der Katastrophe nicht geholfen werden.

Vor dem Abtauchen müssen Meeresschildkröten über Wasser Luft einatmen, was dazu führen kann, dass ihre Körper von Öl überzogen werden und sie das Öl einatmen oder verschlucken. Außerdem sammelt sich das Öl, getrieben von Wind und Meeresströmungen, genau wie der Plastikmüll in Gebieten wie der Sargassosee. Dort nehmen dann auch junge Meeresschildkröten, die sich meist an der Wasseroberfläche in den Algen aufhalten, das Öl mit ihrer Nahrung auf. Wird den Tieren nicht geholfen, sterben sie meist. Zudem verschmutzt das Öl, wenn es an Land gespült wird, wichtige Niststrände und kann ganze Gelege zerstören.

Erdöl beziehungsweise die daraus hergestellten Kunststoffe tragen zudem zu einem erheblichen Teil – nämlich zu 3,4 Prozent – der weltweiten Treibhausgasemissionen bei. Denn der Lebenszyklus von Kunststoffen (von der Erdölgewinnung über die Verarbeitung und die Transportwege bis zur Entsorgung) hat einen großen Kohlenstoff-Fußabdruck. Laut der OECD verursachten Kunststoffe im Jahr 2019 ganze 1,8 Milliarden Tonnen Treibhausgasemissionen, von denen 90 Prozent auf die Herstellung und

Umwandlung aus fossilen Brennstoffen zurückzuführen sind. Das treibt den Klimawandel weiter an und führt zu noch mehr Problemen für Meeresschildkröten.

Zu warm. Zu weiblich?

Der Klimawandel ist mittlerweile ein allgegenwärtiges Thema, und selbst die größten Skeptiker können die wissenschaftlich fundierte Faktenlage nicht länger ignorieren. Kurz und knackig hat es Anthony Leiserowitz von der Yale University in den USA auf den Punkt gebracht: »It's real. It's us. Experts agree. It's bad. There's hope.« (Er ist echt. Es liegt an uns. Experten sind sich einig. Es ist schlimm. Es gibt Hoffnung.) Der Klimawandel ist auch kein Thema, das erst nachfolgende Generationen trifft, sondern wir stecken schon mittendrin in der **Klimakrise**.

Seit Ende des 18. Jahrhunderts, dem Beginn der industriellen Revolution, pustet die Menschheit durch das Verbrennen fossiler Energieträger wie Erdöl, Erdgas und Kohle Kohlendioxid (CO_2) in die Atmosphäre. Als Folge heizt sich die Erdatmosphäre immer weiter auf, da die Treibhausgase, die wie eine Decke um unsere Erde liegen, die Wärmeabstrahlung der Sonne zurück ins All teilweise blockieren. Die mittlere globale Oberflächentemperatur beträgt bereits jetzt etwa 1,2 °C gegenüber der vorindustriellen Zeit, und alle Komponenten des Klimasystems, also Ozean, Land, Atmosphäre und Eismassen, haben sich in den vergangenen Jahrzehnten deutlich erwärmt. Die Häufung von Temperaturrekorden in den letzten Jahren ist beispiellos. Seit den 1980er-Jahren war jede Dekade wärmer als die vorherige, und alle zehn wärmsten Jahre seit Beginn der Aufzeichnungen traten seit 2005 auf.

Anfang August 2022 machten einmal mehr Schlagzeilen über die Verweiblichung von Meeresschildkröten die Runde, denn an den Stränden Floridas wurden aufgrund von gestiegenen Temperaturen in den letzten vier Jahren fast nur noch Weibchen geboren. Da, wie im Kapitel »Spuren im Sand« beschrieben, die Eier der Tiere eine bestimmte Temperatur brauchen, um ein ausgewogenes Verhältnis von weiblichen und männlichen Schlüpflingen zu generieren, führen steigende Temperaturen zu mehr Weibchen, so der wissenschaftliche Konsens. Aufgrund des fortschreitenden Klimawandels und des daraus resultierenden Temperaturanstiegs besteht die Sorge, dass die Männchen knapp und in der Folge die genetische Vielfalt und die Populationsgröße schrumpfen werden. In den Medien und auch in wissenschaftlichen Publikationen wird sogar davon gesprochen, dass Meeresschildkröten deshalb aussterben könnten.

Jedoch gibt es auch Wissenschaftler*innen die den Meeresschildkröten große Chancen einräumen, sich an die Erderwärmung anzupassen. Ihre Zuversicht wird auch dadurch unterstützt, dass die heutigen Meeresschildkrötenarten die Klimaschwankungen zwischen Eiszeiten und Warmperioden der erdgeschichtlichen Vergangenheit überlebt haben. So kann die Verweiblichung auch den Vorteil haben, dass in den Populationen mehr Jungtiere schlüpfen, da mehr Weibchen nun einmal auch mehr Eier legen. Die vorhandenen männlichen Tiere könnten sich häufiger und mit mehreren Weibchen paaren, da sie jährlich die Nistgebiete aufsuchen, um sich fortzupflanzen. Damit erhöhen sich also die Chancen, dass ausreichend

Jungtiere schlüpfen und das Meer erreichen. Selbst wenn eine Meeresschildkrötenpopulation, wie die in Florida, annähernd 100 Prozent Weibchen hervorbringt, konnten Wissenschaftler*innen eine genetische Anpassung an höhere Nesttemperaturen beobachten. Des Weiteren konnten sie feststellen, dass die Weibchen ihr Nistverhalten änderten, indem sie ihre Nistsaison verschoben und/oder »kühlere« Strände aufsuchten. Insofern besteht Grund zum Optimismus, dass die Meeresschildkröten nicht als *Womens-Only-Club* an den Folgen der Erderwärmung dahinsiechen werden.

Durch die globale Erwärmung steigen auch die Temperaturen im Meer, was sich negativ auf Ökosysteme wie z.B. Korallenriffe auswirkt. Wahrscheinlich haben die meisten schon von der sogenannten »Korallenbleiche« gehört. Korallen sind kleine koloniebildende Polypen, die ein bestimmtes Temperaturoptimum brauchen, um überleben zu können. Geraten Korallen unter Hitzestress, und dauert dieser über mehrere Wochen an, erbleichen beziehungsweise sterben sie. Damit verlieren auch unzählige Organismen, die in diesen Großstädten unter Wasser Schutz und Nahrung finden, ihr Zuhause.

Ein weiteres Problem, das der Klimawandel mit sich bringt, ist die Versauerung des Meerwassers. Seit Beginn der Industrialisierung haben die Ozeane etwa 30 Prozent der anthropogenen CO_2-Emissionen aufgenommen. Das absorbierte Kohlendioxid reagiert mit dem Meerwasser, es bildet sich Kohlensäure und der pH-Wert sinkt, das heißt, das Wasser wird saurer. Diese Versauerung macht kalkbildenden Organismen wie Korallen, Muscheln und Schnecken, aber auch vielen anderen Tieren stark zu schaffen: Ihre Schalen und Skelette werden brüchig, und sie müssen mehr Energie für den Skelett- und Schalenaufbau bereitstellen, die dann für die Entwicklung und Fortpflanzung fehlt.

Wie schon erwähnt, finden viele Meeresschildkröten ihre Nahrung in Korallenriffen. Sterben diese ab, kann es dazu kommen, dass zum Beispiel Unechte Karettschildkröten weniger Schwämme, Muscheln und Krebstiere finden.

Dennoch gibt es auch Organismen, denen steigende Wassertemperaturen und eine Versauerung nichts ausmachen – im Gegenteil. Zu den Gewinnern des Klimawandels gehören beispielsweise die Quallen. Die glibbrigen Meeresbewohner wachsen bei wärmeren Temperaturen schneller und pflanzen sich erfolgreicher fort. Was für den Menschen eine stechende Plage ist, ist für hungrige Meeresschildkröten ein Segen: Sie finden reichlich Wackelpudding für ihre Ernährung.

Außerdem führen wärmere Wassertemperaturen zu einem stärkeren Anstieg des Meeresspiegels, da sich warmes Wasser ausdehnt. Eine weitere Folge der atmosphärischen und der Meerwasser-Erwärmung ist das Schmelzen der Eismassen der Pole und die des Festlandes. Grönland allein verliert pro Jahr mehr als 250 Milliarden Tonnen Eis, das zusammen mit den anderen geschmolzenen Eismassen dazu führt, dass der Meeresspiegel ansteigt. Laut dem IPCC, dem *Intergovernmental Panel on Climate Change* (Zwischenstaatlicher Ausschuss für Klimaänderungen), stieg der Meeresspiegel zwischen 1902 und 2015 im weltweiten Mittel um ganze 16 Zentimeter! Seit 2006 beträgt die durchschnittliche Anstiegsrate jährlich rund 3,6 Millimeter, wobei die Pegel an den Küsten nicht überall gleich stark ansteigen. Die regionalen Abweichungen, die bis zu 30 Prozent betragen können, werden unter anderem durch geologische Unterschiede hervorgerufen.

Ein ansteigender Meeresspiegel kann dazu führen, dass die Niststrände von den Wellen abgetragen und zerstört werden. Bis zum Jahr 2100 könnte der Meeresspiegel um mehr als einen Meter ansteigen, was nicht nur eine Bedrohung für Meeresschildkröten, sondern auch für Millionen von Menschen darstellt. Wer sich weiter in das Thema einlesen möchte, dem empfehle ich das Kapitel »Klimawandel und Meer« in meinem ersten Buch.

Der Klimawandel sorgt aber auch dafür, dass sich aufgrund steigender Wassertemperaturen die Nistgebiete der Weibchen verschieben und weiter ausdehnen. So können sie Gebiete erschließen, die vorher zu kalt für sie waren – diese Tendenz ist auch im Mittelmeer sichtbar. Noch ist also nicht alles verloren, und es gibt Hoffnung, nicht zuletzt, weil weltweit Menschen für den Fortbestand dieser wunderschönen Tiere kämpfen.

Eine Flosse voll Hoffnung

Alle zwei Jahre veröffentlicht der WWF den *Living Planet Report*, eine umfassende Studie über die Entwicklung der weltweiten biologischen Vielfalt und die Gesundheit des Planeten. Wie nicht anders zu erwarten war, kommt die 13. Ausgabe, die im Jahr 2020 erschien, zu schockierenden Aussagen. In einem beispiellosen Ausmaß zerstören wir Menschen unsere Lebensgrundlage: brennende Wälder, ausgetrocknete Feuchtgebiete, schmelzende Eismassen, leer gefischte Meere, ein ansteigender Meeresspiegel und eine rapide Abnahme der biologischen Vielfalt. Laut dem Report betrug der weltweite Rückgang alleine von Reptilien, Fischen, Amphibien und Säugetieren zwischen 1970 und 2016 durchschnittlich 68 Prozent!

Wem es bei diesen Zahlen nicht angst und bange wird, der hat den Ernst der Lage leider noch nicht erfasst. Große Teile der Menschheit, vor allem in den Industriestaaten, haben vergessen, dass wir Teil der Natur sind und mit unserem Handeln unsere eigene Lebensgrundlage zerstören. Und dennoch können wir auch die Lösung des Problems sein. Viele erfolgreiche Umwelt- und Tierschutzprojekte machen es vor und zeigen, dass Menschen, allen Widerständen zum Trotz, Großes vollbringen können. Ohne das Washingtoner Artenschutzübereinkommen zum Beispiel, welches Fang und Handel aller Art seit 1979 verbietet, sähe es um die Meeresschildkröten dieser Welt noch düsterer aus. Weltweit zeigen Schutzmaßnahmen wie die der *Turtle Foundation* beträchtliche Erfolge auf, und steigende Nestzahlen geben Grund zur Hoffnung. Zudem haben auf der fünften Umweltversammlung der Vereinten Nationen (UNEA) die UN-Mitgliedsstaaten am 2. März 2022 einstimmig beschlossen, gegen die Plastikflut vorzugehen. Dieser weltweit verbindliche Vertrag ist, genau wie das Pariser Klimaschutzabkommen aus dem Jahr 2015, ein historisches Ereignis und soll bis Ende 2024 im Detail ausgearbeitet werden.

Bleibt zu hoffen, dass die Länder den in dem Abkommen festgelegten Zielen nachkommen und nicht wie Deutschland den Klimazielen weiter hinterherhinken. Wir als Weltgemeinschaft müssen die globale Erwärmung eindämmen, um den folgenden Generationen eine lebensfreundliche Welt zu hinterlassen. Der Schutz von Meeresschildkröten und anderen Arten kann und muss eine vielschichtige Anstrengung von uns allen sein.

Neben den Entscheidungen auf globaler Ebene und der Ausweitung der Schutzgebiete können auch Sie, liebe Leserin und lieber Leser, sich aktiv einbringen. Natürlich freuen sich Schildkröten-Schutzprojekte über Ihre finanzielle Unterstützung (siehe Links im Quellenverzeichnis), aber Sie können auch aktiv im Alltag und jeden Tag aufs Neue versuchen, Ihren

CO_2-Fußabdruck zu verringern, indem Sie zum Beispiel weniger Auto fahren, Ihren Fleischkonsum einschränken, weniger Lebensmittel wegwerfen und Energie sparen. Auch können Sie darauf achten, weniger (Mikro-)Plastikmüll zu produzieren, und, wenn Sie Fisch und andere Meerestiere essen, auf nachhaltige und zertifizierte Produkte zurückgreifen. So werden nicht nur Sie hoffentlich eines Tages das große Glück haben, einer Meeresschildkröte unter Wasser zu begegnen, sondern auch noch Ihre Kinder und Kindeskinder.

Dank

Mir ist es sehr wichtig, so viele Menschen als möglich für das Meer und seine Bewohner zu begeistern. Deshalb bin ich dem Ludwig Verlag unendlich dankbar dafür, dass ich durch meine Bücher ein so großes Publikum ansprechen kann. Ohne die fantastische Unterstützung des Verlagsteams wäre das aber so nicht möglich, und deshalb danke ich von Herzen Jessica Hein, Ute Bierwisch, Carolin Lachenmaier und allen anderen für ihren Enthusiasmus und ihren Glauben an mein Buch!

Ein Buch zu schreiben fällt nicht immer leicht: Die Motivation lässt mitunter zu wünschen übrig, und der Glaube an die eigenen Fähigkeiten schwindet mit der näher rückenden Deadline. Deshalb geht ein ganz großes Dankeschön an meinen Literaturagenten Alfio Furnari von der Literaturagentur *Landwehr & Cie.*, der nie müde wird, mich zu motivieren. Lieber Alfio, vielen Dank dafür, dass du es immer wieder schaffst, meine Moral aufzubauen, damit ich mit Freude weiterschreiben kann!

Ein Rohmanuskript hat Ecken und Kanten, die meine großartige Redakteurin Dr. Ulrike Strerath-Bolz erfolgreich geschliffen hat. Liebe Frau Strerath-Bolz, vielen Dank für die schöne Zusammenarbeit, Ihre Geduld und Mühe mit meinem Buch. Ein herzliches Dankeschön auch an Frau H. Linsbauer, mit der es großen Spaß gemacht, Fehler zu korrigieren.

Illustrationen geben Worten Farbe und Tieren ein Gesicht. Ich freue mich riesig darüber, dass Illustrationen von der talentierten Inka Hagen (*Die gute Wal Productions*) mein Buch bereichern. Liebe Inka, deine wunderschönen Bilder geben den Tieren ein Gesicht und hauchen meinen Worten Leben ein – danke dafür!

Um die Seiten mit Leben zu füllen, sind persönliche Erfahrungen und Fachwissen erforderlich. Ich bin denjenigen sehr dankbar, die mir ihre Zeit und ihr Wissen geschenkt haben, um noch mehr über Meeresschildkröten zu lernen:

Ein großes Dankeschön geht deshalb an die *Turtle Foundation* und ihre Mitarbeiter*innen Katja Weisheit, Airton Lima und Trak für die Einblicke in ihre Arbeit auf den Kapverden.

Ich danke von Herzen dem Frankfurter Zoll für die großartige Arbeit im Kampf gegen den Handel mit Produkten von geschützten Arten. Ein herzliches Dankeschön geht dabei an Isabell Gillman, die es möglich machte, dass ich hinter die Kulissen des Zolls am Frankfurter Flughafen blicken durfte. Besonders beeindruckt war ich von der Arbeit des Zollbeamten und Hundeführers Guido Nikl mit der Schäferhündin Nela, deren Spürnase nicht die kleinste Duftspur entgeht. Ein großes Dankeschön auch an Dieter Keller, der mir die Ausbildung der Zollhunde so umfangreich erklärt hat.

Die Evolution der Schildkröten ist noch lückenhaft dokumentiert und für Laien nicht ganz einfach zu verstehen. Deswegen bin ich Prof. Dr. Rainer Schoch, Kurator am Staatlichen Museum für Naturkunde Stuttgart, sehr dankbar für seine Expertise, Zeit und die Privatführung im Museum.

Ein besonderer Dank geht an das Team des *Centro Ricerche Tartarughe Marine* im Großraum Neapel. Dort durfte ich zehn Tage lang mehr über aktuelle Forschungen und die Gefahren für die mediterranen Meeresschildkrötenpopulationen lernen. Die Expertise der wissenschaftlichen Leiterin, Dr. Sandra Hochscheid, hat mir sehr geholfen, die Tiere besser kennenzulernen. Liebe Sandra, herzlichen Dank für deine Zeit und Geduld, mir all meine Fragen zu beantworten. Ein großes Dankeschön geht auch an den Veterinär Dr. Andrea Affuso, der mir so viel über Verletzungen von Meeresschildkröten und deren Behandlung beigebracht hat. Dem Rest des Teams danke ich ebenfalls für die freundliche Aufnahme und die Zeit die sie mir geschenkt haben.

Aufgrund der Corona-Pandemie war es anfangs unmöglich zu reisen. Um dennoch mehr über die Tiere zu lernen, durfte ich hinter die Kulissen des Meeresmuseums in Stralsund schauen. Ich danke daher von Herzen der Kuratorin Dr. Nicole Kube für ihre Zeit und ihre Expertise. Danke auch an Sigrid Wewezer und dem Rest des Teams für die Hilfe.

Bilder werten ein Buch auf und helfen, sich das Geschriebenen besser vorzustellen. Deshalb bin ich den folgenden Fotografen und Fotografinnen sehr dankbar, dass sie mir ihre Bilder zur Verfügung gestellt haben: Lisa Bauer, Dr. Robert Hofrichter, Christian Horras, Prof. Dr. Martin Visbeck, Pierre Bouras, Ramona Wagner, Friederike Kremer-Obrock, Elio Christofori, Andreas Windhagen, die *Turtle Foundation,* Dr. Holger Anlauf, Anuar Abdullah, Laura Riavitz, Mariane Aimar-Godoc, Cornelia Riegler, Verena Wiesbauer und Michael Kastel. Es fiel mir sehr schwer, von all den schönen Bilder nur einige auswählen zu können. (PS an Lisa: Danke für die schöne Geschichte – deine Art zu erzählen ist so mitreißend, du solltest dir überlegen, selber ein Buch zu schreiben.)

Freunde zu haben ist allein schon ein großes Geschenk. Ein noch größeres ist es, Freunde zu haben, die immer ein offenes Ohr, ein Glas Wein, eine Portion Motivation und gute Ideen oder einfach nur Zeit für einen übrig haben. Danke an Dr. Lauren Hall und Croinan Finnigan, Dr. Socratis Loucaides, Heike Klees, Eva Jarolim, Yvonne Kindler, Marion Krieger, Dr. Cornelia Voss, Laura Riavitz, Rob Hallsworth, Angela & Nils Jensen, Jeannine Fischer, Gemma Stockmans, Janina D'Agostino, Meike Kartes, Christina Rosenthal, Julia Lang, Fiona Arenz und Jonathan Kunz.

Diejenigen, die immer für mich da sind, mich motivieren und ermutigen, sind meine Familie. Ich danke von Herzen meinen Eltern Günter und Ingrid Bagusche, meinem Bruder Fabian Bagusche und meinem Schwager Dr. Sebastian Meller, meinem Bruder Tobias Bagusche und seiner Partnerin Verena Klein sowie meinen Neffen Miguel und Milo für ihre Unterstützung. Ohne meinen Hund Oskar, meinen besten Freund und die größte Nervensäge in meinem Leben, wäre mein Leben um vieles ärmer, und ich bin glücklich, ihn seit so vielen Jahren treu an meiner Seite zu wissen.

Gerade in stürmischen Zeiten ist es wichtig, sich auf jemanden blind verlassen zu können. Dieser jemand ist Dr. Holger Anlauf. Lieber Holger, ich danke dir für deinen Input, deine motivierenden Worte, den gelegentlichen Tritt in den Hintern und die Abenteuer über und unter Wasser. Auf noch viele weitere Meer.

Quellen und weiterführende Informationen

Die URL-Adressen und die Zeitschriften wurden im Januar 2023 abgerufen

Vorwort

https://www.meeresmuseum.de/
https://www.ozeaneum.de/

Urzeitliche Vorfahren

Cadena, E. A. & Parham, J. F. (2015). Oldest known marine turtle? A new protostegid from the Lower Cretaceous of Colombia. *PaleoBios*, 32: 1-42. https://doi.org/10.5070/P9321028615

Castillo-Visa, À. *et al.* (2022). A gigantic bizarre marine turtle (Testudines: Chelonioidea) from the Middle Campanian (Late Cretaceous) of South-western Europe. *Scientific Report*, 12: 18322. https://doi.org/10.1038/s41598-022-22619-w

Gentry, A (2016). New material of the Late Cretaceous marine turtle *Ctenochelys acris* Zangerl, 1953 and a phylogenetic reassessment of the ›toxochelyid‹-grade taxa. *Journal of Systematic Palaeontology*, 15 (8). 1-22. https://doi.org/10.1080/14772019.2016.1217087

Hirasawa, T. *et al.* (2013). The endoskeletal origin of the turtle carapace. *Nature Communications*, 4: 2107. https://doi.org/10.1038/ncomms3107

https://www.naturkundemuseum-bw.de/ausstellungen/dauerausstellungen#c611

https://www.sciencedaily.com/releases/2016/10/161003182513.htm

Irie, N. *et al.* (2014). The Turtle Evolution: A Conundrum in Vertebrate Evo-Devo. *New Principles in Developmental Processes*, 303–314. https://doi.org/10.1007/978-4-431-54634-4_23

Chun Li, *et al.* (2008). An ancestral turtle from the Late Triassic of southwestern China. *Nature letters*, 456 (7221): 497–501. https://doi.org/10.1038/nature07533

Lyson, T. R. et *al.* (2016). Fossorial origin of the turtle shell. *Current Biology*, 26, 14: 1887-1894. https://doi.org/10.1016/j.cub.2016.05.020

Salmon, M. (2018). The Evolution of Sea Turtles. https://www.researchgate.net/publication/325404407_The_Evolution_of_Sea_Turtles_Outreach_popular

Schoch, R. R. & Sues, H. D. (2015). A Middle Triassic stem-turtle and the evolution of the turtle body plan. *Nature*, 523: 584-587. https://doi.org/10.1038/nature14472

Schoch, R. R. & Sues, H. D. (2017). Osteology of the Middle Triassic stem-turtle *Pappochelys rosinae* and the early evolution of the turtle skeleton. *Journal of Systematic Palaeontology*, 1–39. https://doi.org/10.1080/14772019.2017.1354936

Wang, Z. *et al.* (2013). The draft genomes of soft-shell turtle and green sea turtle yield insights into the development and evolution of the turtle-specific body plan. *Nature Genetics*, 45: 701–706. https://doi.org/10.1038/ng.2615

Harte Schale, weicher Kern

Bartol, S. & Musick, J. (2002). Sensory Biology of Sea Turtles. *The Biology of Sea Turtles*. Vol. 2. https://www.researchgate.net/publication/264839963_Sensory_Biology_of_Sea_Turtles

Bjorndal, K.A. & Jackson, J. B. C. (2003). Roles of sea turtles in marine ecosystems: reconstructing the past. In: Lutz PL, Musick JA, Wyneken J (eds) The Biology of sea turtles, Vol. 2. CRC, Boca Raton, pp 259–274. http://dx.doi.org/10.1201/9781420040807.ch10

Dow Piniak, W. E. *et. al.* (2012). Underwater hearing sensitivity of the leatherback sea turtle (*Dermochelys coriacea*): Assessing the potential effect of anthropogenic noise. U.S. Dept. of the Interior, Bureau of Ocean Energy Management, Headquarters, Herndon, VA. OCS Study BOEM 2012-01156. 35pp. https://www.researchgate.net/publication/280559013_Underwater_hearing_sensitivity_of_the_leatherback_sea_turtle_Dermochelys_coriacea_Assessing_the_potential_effect_of_anthropogenic_noise

Endres, C.S. & Lohmann, K. J. (2012). Perception of dimethyl sulfide (DMS) by loggerhead sea turtles: a possible mechanism for locating high-productivity oceanic regions for foraging. *The Journal of Experimental Biology,* 215: 3535-3538. https://doi.org/10.1242/jeb.073221

Endres, C.S. & Lohmann, K. J. (2013). Detection of coastal mud odors by loggerhead sea turtles: a possible mechanism for sensing nearby land. *Marine Biology,* 160: 2951–2956. https://doi.org/10.1007/s00227-013-2285-6

Endres, C. S. *et al.* (2009). Perception of airborne odors by loggerhead sea turtles. *Journal of Experimental Biology,* 212: 3823–3827. https://doi.org/10.1242/jeb.033068

Ferrara, C. R. *et. al.* (2014). First Evidence of Leatherback Turtle (*Dermochelys coriacea*) Embryos and Hatchlings Emitting Sounds. *Chelonian Conservation and Biology,* 13 (1): 110–114. http://dx.doi.org/10.2744/CCB-1045.1

Ferrara, C. R. *et. al.* (2014). Sound Communication and Social Behavior in an Amazonian River Turtle (*Podocnemis expansa*). *Herpetologica,* 70 (2): 149–156. https://doi.org/10.1655/HERPETOLOGICA-D-13-00050R2

García-Párraga, D. *et al.* (2014). Decompression sickness (the bend) in sea turtles. *Diseases of aquatic organisms,* 111: 191-205. https://doi.org//10.3354/dao02790

Hochscheid, S. (2014). Why we mind sea turtles' underwater business: A review on the study of diving behavior. *Journal of Experimental Marine Biology and Ecology*, 450: 118-136.

https://ocean.si.edu/ocean-life/reptiles/sea-turtles

https://www.blickcheck.de/auge/funktion/sehen-unter-wasser/

https://www.npr.org/2021/03/13/976105783/texas-cold-stun-of-2021-was-largest-sea-turtle-rescue-in-history-scientists-say?fbclid=IwAR0aDpWa2HmDozV81WuLWrqtYh-sCgbBv3WRVA4L1FkjzOqvuhSvSH0kVgA&t=1659039640333

Jorgewich-Cohen, G. et al. (2022). Common evolutionary origin of acoustic communication in choanate vertebrates. *Nature Communications*, 13: 6089. https://doi.org/10.1038/s41467-022-33741-8

Kondoh, D. *et al.* (2021). The nasal cavity in sea turtles: adaptation to olfaction and seawater flow. *Cell and Tissue Research*, 383: 347-352. https://doi.org/10.1007/s00441-020-03353-z

Magalhães, M.S. *et al.* (2012). Anatomy of the digestive tube of sea turtles (Reptilien: Testudines). *Zoologica* (Curitiba), 29 (1): 70-76. https://doi.org/10.1590/S1984-46702012000100008

Parga, M. L., *et al.* (2020). On-board study of gas embolism in marine turtles caught in bottom trawl fisheries in the Atlantic Ocean. *Scientific Reports,* 10: 5561. https://doi.org/10.1038/s41598-020-62355-7

Pfaller, J. B. *et al.* (2020). Odors from marine plastic debris elicit foraging behavior in sea turtles. *Current Biology*, 30 (5): PR213-R214. https://doi.org/10.1016/j.cub.2020.01.071

Reina, R. *et al.* (2002). Salt and water regulation by the leatherback sea turtle *Dermochelys coriacea*. *The Journal of experimental biology,* 205. https://doi.org/10.1242/jeb.205.13.1853

Salmon, M. (2018). Animal behavior and visual perception: how does sea turtle vision differ from ours? *Outreach popular*. https://www.researchgate.net/publication/325404722_Animal_behavior_and_visual_perception_how_does_sea_turtle_vision_differ_from_ours_Outreach_popular

Savoca, M.S. *et al.* (2016). Marine plastic debris emits a keystone infochemical for olfactory foraging seabirds. *Science Advances,* 2 (11): e1600395. https://doi.org/10.1126/sciadv.1600395
Willis, K. L. (2016). Underwater Hearing in Turtles. *Advances in Experimental Medicine and Biology,* 1229–1235. https://doi.org/10.1007/978-1-4939-2981-8_154
Wyneken, J. (2001). The Anatomy of Sea Turtles. U.S. Department of Commerce NOAA Technical Memorandum NMFS-SEFSC-470, 1-172 pp. https://repository.library.noaa.gov/view/noaa/8502

Von Teilzeitvegetariern und Tieftauchchampions

https://accstr.ufl.edu/accstr-overview/our-history/
https://conserveturtles.org/about-stc-archie-carr-tribute/

Chelonia mydas

Ricart, A.M. *et al.* (2021). Coast-wide evidence of low pH amelioration by seagrass ecosystems. *Global Change Biology,* 27 (11): 2580-2591. https://doi.org/10.1111/gcb.15594
Crittercam: http://www.int-res.com/articles/suppl/m322p269_videos/
Dam, Bryce *et al.* (2020). Calcification-driven CO_2 emissions exceed »Blue Carbon« sequestration in a carbonate seagrass meadow. *Science advances,* 7 (51): eabj1372. https://dx.doi.org/10.1126%2Fsciadv.abj1372
Edgeloe, J.M. *et al.* (2022). Extensive polyploid clonality was a successful strategy for seagrass to expand into a newly submerged environment. *Proceedings of the Royal Society B,* 20220538. https://doi.org/10.1098/rspb.2022.0538
Esteban, N. *et al.* (2020). A global review of green turtle diet: sea surface temperature as a potential driver of omnivory levels. *Marine Biology,* 167:183. https://doi.org/10.1007/s00227-020-03786-8

Heithaus, M. R. *et al.* (2002). Novel insights into green sea turtle behaviour using animal-borne video cameras. *Journal of the Marine Biological Association of the United Kingdom*, 82: 1049-1050. https://doi.org/10.1017/S0025315402006689

https://hereon.de/innovation_transfer/communication_media/news/104023/index.php.de

https://parks.des.qld.gov.au/raineisland

https://www.bundesregierung.de/breg-de/aktuelles/klimasenker-seegras-1646036

https://www.fisheries.noaa.gov/species/green-turtle

https://www.mpg.de/17782157/1029-mbio-a-natural-co2-sink-thanks-to-symbiotic-bacteria-154772-x:

https://www.seaturtlestatus.org/green-turtle

https://www.seaturtlestatus.org/swot-report-vol-6

https://www.seegraswiesen.de/de/co2-speicher/

https://www.uwa.edu.au/news/Article/2022/June/Largest-known-plant-on-earth-discovered-at-Shark-Bay-and-its-4500-years-old

McKenzie, L.J. *et al.* (2020) Environmental Research Letters, 15: 074041. https://doi.org/10.1088/1748-9326/ab7d06

Tol, S.J. *et al.* (2021). Mutualistic relationships in marine angiosperms: Enhanced germination of seeds by mega-herbivores. *Biotropica*, 53 (6): 1535-1545. https://doi.org/10.1111/btp.13001

Seminoff, J. A. *et al.* (2006). Underwater behaviour of green turtles monitored with video-time-depth recorders: what's missing from dive profiles? *Marine Ecology Progress Series*, 322: 269-280. http://dx.doi.org/10.3354/meps322269

Short, Frederick *et. al.* (2011). Extinction Risk Assessment of the World's Seagrass Species. *Biological Conservation*, 144: 1961–1971. https://doi.org/10.1016/j.biocon.2011.04.010

UNEP-WCMC, Short FT (2021). Global distribution of seagrasses (version 7.1). Seventh update to the data layer used in Green and Short (2003). Cambridge (UK): UN Environment Programme World Conservation Monitoring Centre. https://doi.org/10.34892/x6r3-d211

United Nations Environment Programme (2020). Out of the blue: The value of seagrasses to the environment and to people. UNEP, Nairobi. https://wedocs.unep.org/20.500.11822/32636

Caretta caretta

Casale, P. & Tucker, A.D. (2017). *Caretta caretta* (amended version of 2015 assessment). The IUCN Red List of Threatened Species: e.T3897A119333622. https://dx.doi.org/10.2305/IUCN.UK.2017-2.RLTS.T3897A119333622.en.

https://www.fisheries.noaa.gov//species/loggerhead-turtle

https://www.maiocapeverde.com/latest/maio-nesting-areas-for-sea-turtles.html

https://www.seaturtlestatus.org/loggerhead-turtle

https://www.turtle-foundation.org/newsletter-dezember-2021/

Ingels, J. *et al.* (2020). Meiofauna Life on Loggerhead Sea Turtles-Diversely Structured Abundance and Biodiversity Hotspots That Challenge the Meiofauna Paradox. *Diversity*, 12 (5): 203. https://doi.org/10.3390/d12050203

United Nations Environment Programme (2020). Out of the Blue: The Value of Seagrasses to the Environment and to People. https://wedocs.unep.org/20.500.11822/32636

Eretmochelys imbricata

Gruber, D. F. & Sparks, J.S. (2015). First Observation of Fluorescence in Marine Turtles« *American Museum Novitates*, (3845): 1–8. https://doi.org/10.1206%2F3845.1

https://www.fisheries.noaa.gov/species/hawksbill-turtle

https://www.seaturtlestatus.org/hawksbill

https://www.seaturtlestatus.org/swot-report-vol-3-english

Meylan, A. (1988). Spongivory in Hawksbill Turtles: A Diet of Glass. *Science*, 239 (4838): 393–395. https://doi.org/10.1126/science.239.4838.393

Mortimer, J.A & Donnelly, M. (IUCN SSC Marine Turtle Specialist Group) (2008). *Eretmochelys imbricata. The IUCN Red List of Threatened Species 2008*: e.T8005A12881238. https://www.iucnredlist.org/species/8005/12881238

Lepidochelys olivacea

Bevan, E. *et al.* (2018). Measuring behavioral responses of sea turtles, saltwater crocodiles, and crested terns to drone disturbance to define ethical operating thresholds. *PLoS One*, 13 (3): e0194460. https://doi.org/10.1371/journal.pone.0194460

https://odishatourism.gov.in/content/tourism/en/blog-details.html?url=arribada-in-eastern-coast

https://www.fisheries.noaa.gov/species/olive-ridley-turtle

https://www.iucnredlist.org/species/11534/3292503

https://www.nationalgeographic.de/tiere/2019/11/naturphaenomen-forscherin-filmt-schildkroeten-soweit-das-auge-reicht

https://www.seaturtlestatus.org/olive-ridley

https://www.seaturtlestatus.org/swot-report-vol-16

https://www.seaturtlestatus.org/swot-report-vol-5

Olive Ridley Sea Turtle (*Lepidochelys Olivacea*) 5-Year Review: Summary and Evaluation (2014). https://repository.library.noaa.gov/view/noaa/17036

Rojas-Cañizales, D. *et al.* (2022). Corozalito: a nascent arribada nesting beach in Costa Rica. *Marine Biology*, 169, 59. https://doi.org/10.1007/s00227-022-04039-6

Lepidochelys kempii

https://web.archive.org/web/20100528122104/

http://www.nps.gov/pais/naturescience/strp.htm

https://www.fisheries.noaa.gov/species/kemps-ridley-turtle

https://www.iucncongress2020.org/motion/097

https://www.seaturtlestatus.org/kemps-ridley

https://www.seaturtlestatus.org/swot-report-13

https://www.wwfmmi.org/?1130966/IUCN-members-call-on-EU-to-reduce-marine-turtle-bycatch

Natator depressus

Australian Government: http://www.environment.gov.au/cgi-bin/sprat/public/publicspecies.pl?taxon_id=59257

Pendoley, K. *et al.*(2014). Reproductive biology of the flatback turtle Natator depressus in Western Australia. *Endangered Species Research,* 23: 115-123. https://doi.org/10.3354/esr00569
Walker, T. A. & Parmenter, C. J. (1990). Absence of a Pelagic Phase in the Life Cycle of the Flatback Turtle, *Natator depressa* (Garman). *Journal of Biogeography,* 17 (3), 275–278. http://doi.org/10.2307/2845123

Dermochelys coriacea

Bostrom, B. L. (2010). Behaviour and physiology: the thermal strategy of leatherback turtles. *PLoS One,* 5 (11): e13925. http://doi.org/10.1371/journal.pone.0013925
Davenport, J. (1998). Sustaining endothermy on a diet of cold jelly: energetics of the leatherback turtle *Dermochelys coriacea. British Herpetological Society Bulletin,* Winter; 62: 4-8
https://www.thebhs.org/publications/the-herpetological-bulletin/issue-number-62-winter-1997/2639-hb062-01/file
Davenport, J. (2017). Crying a river: how much salt-laden jelly can a leatherback turtle really eat?. *Journal of Experimental Biology,* 220 (9): 1737–1744. https://doi.org/10.1242/jeb.155150
Davenport, J. *et al.* (2014). Pink spot, white spot: The pineal skylight of the leatherback turtle (*Dermochelys coriacea* Vandelli 1761) skull and its possible role in the phenology of feeding migrations. *Journal of Experimental Marine Biology and Ecology,* 461, 1–6. http://doi.org/10.1016/j.jembe.2014.07.008
Davenport, J. *et al.* (2015). Topsy-turvy: turning the counter-current heat exchange of leatherback turtles upside down. *Biology Letters,* 11: 20150592. http://dx.doi.org/10.1098/rsbl.2015.0592
Heaslip, S. G. *et al.* (2012). Jellyfish support high energy intake of leatherback sea turtles (*Dermochelys coriacea*): video evidence from animal-borne cameras. *PLoS One,* 7 (3): e33259. http://doi.org/10.1371/journal.pone.0033259
Houghton, J. D. R. *et al.* (2008). The role of infrequent and extraordinary deep dives in leatherback turtles (*Dermochelys*

coriacea). *The Journal of Experimental Biology*, 211: 2566-2575. https://doi.org/http://dx.doi.org/10.1242/jeb.020065
https://www.fisheries.noaa.gov/species/leatherback-turtle
https://www.seaturtlestatus.org/leatherback-turtle
Jones, T. T., *et al.* (2012). Resource requirements of the Pacific leatherback turtle population. *PLoS One*, 7 (10): e45447. https://doi.org/10.1371/journal.pone.0045447
López-Mendilaharsu, M. *et al.* (2009). Insights on leatherback turtle movements and high use areas in the Southwest Atlantic Ocean. *Journal of Experimental Marine Biology and Ecology*, 378 (1–2), 31–39. http://dx.doi.org/10.1016/j.jembe.2009.07.010
National Marine Fisheries Service and U.S. Fish and Wildlife Service (2020). Endangered Species Act status review of the leatherback turtle (*Dermochelys coriacea*). Report to the National Marine Fisheries Service Office of Protected Resources and U.S. Fish and Wildlife Service. https://repository.library.noaa.gov/view/noaa/25629
Sale, A. *et al.* (2006). Long-term monitoring of leatherback turtle diving behaviour during oceanic movements. *Journal of Experimental Marine Biology and Ecology*, 328 (2), 197–210. http://doi.org/10.1016/j.jembe.2005.07.006
Shillinger, G. L. *et al.* (2008). Persistent Leatherback Turtle Migrations Present Opportunities for Conservation. *PLOS Biology*, 6 (7): e171. https://doi.org/10.1371/journal.pbio.0060171
Spotila, J. R. & Tomillo, P. S. (Hrsg.)(2015). The Leatherback Turtle: Biology and Conservation. Johns Hopkins University Press.

Spuren im Sand

Bull, J. J. (1985). Sex Ratio and Nest Temperature in Turtles: Comparing Field and Laboratory Data. *Ecology*, 66 (4): 1115–1122. http://doi.org/10.2307/1939163
Burns, T. J. *et al.* (2020). Buried treasure—marine turtles do not

›disguise‹ or ›camouflage‹ their nests but avoid them and create a decoy trail. *Royal Society Open Science, 7: 200327.* http://dx.doi.org/10.1098/rsos.200327

Gammon, M. *et al.* (2020). A systematic review of metabolic heat in sea turtle nests and methods to model its impact on hatching success. *Frontiers in Ecology and Evolution,* 8: 556379. https://doi.org/10.3389/fevo.2020.556379

https://oliveridleyproject.org/wp-content/uploads/2021/09/Nesting_Beach_Code-of-Conduct_Olive-Ridley_Project.pdf

https://www.conservationtales.com/turtle-tracks.html

https://www.tdisdi.com/sdi-diver-news-de/turtle-tracks-meet-floridas-sea-turtles/?lang=de

Yntema, C. L. & Mrosovsky, N. (1982). Critical periods and pivotal temperatures for sexual differentiation in loggerhead sea turtles. *Canadian Journal of Zoology,* 60 (5): 1012–1016. http://doi.org/10.1139/z82-141

Die verlorenen Jahre

Ardron, J. *et al.* (2011). Where is the Sargasso Sea? A Report Submitted to the Sargasso Sea Alliance. Duke University Marine Geospatial Ecology Lab & Marine Conservation Institute. Sargasso Sea Alliance Science Report Series, No 2: 24 pp. http://www.sargassoseacommission.org/storage/documents/No2_WhereistheSS_LO.pdf

Doyle, E. & Franks, J. (2015). Sargassum Fact Sheet. Gulf and Caribbean Fisheries Institute. https://www.nps.gov/viis/learn/nature/upload/gcfisargassumfactsheet_2015-1.pdf

Franks, J. S. *et al.* (2016). Pelagic *Sargassum* in the Tropical North Atlantic. *Gulf and Caribbean Research,* 27 (1): SC6-SC11. https://doi.org/10.18785/gcr.2701.08

Gavio, B. & Santos-Martínez, A. (2018). Floating Sargassum in Serranilla Bank, Caribbean Colombia, may jeopardize the race to the ocean of baby sea turtles. *Acta Biológica Colombiana,* 23 (3): 311-314. http://dx.doi.org/10.15446/abc.v23n3.68113

http://ocean71.com/chapters/2011-a-species-odyssey/

https://optics.marine.usf.edu/projects/saws.html
https://www.bbc.com/future/article/20201119-atlantic-ocean-the-largest-seaweed-bloom-in-history
https://www.spektrum.de/news/sargassum-braunalgen-bedrohen-oekosysteme-und-schaffen-neue/1578560
https://www.ucf.edu/pegasus/sea-turtles-the-lost-years/
Lapointe, B.E. *et al.* (2021). Nutrient content and stoichiometry of pelagic *Sargassum* reflects increasing nitrogen availability in the Atlantic Basin. *Nature Communications*, 12: 3060. https://doi.org/10.1038/s41467-021-23135-7
Mansfield, K. L. *et al.* (2014). First satellite tracks of neonate sea turtles redefine the ›lost years‹ oceanic niche. *Proceedings of the Royal Society B*, 281: 20133039. http://dx.doi.org/10.1098/rspb.2013.3039
Mansfield, K. L., *et al.* (2021). First Atlantic satellite tracks of ›lost years‹ green turtles support the importance of the Sargasso Sea as a sea turtle nursery. *Proceedings of the Royal Society B*, 288: 20210057. http://doi.org/10.1098/rspb.2021.0057
Maurer, A. *et al.* (2015). *Sargassum* accumulation may spell trouble for nesting sea turtles. *Frontiers in Ecology and the Environment*, 13: 394-395. http://doi.org/10.1890/1540-9295-13.7.394.
Maurer, A. *et al.* (2021). The Atlantic *Sargassum* invasion impedes beach access for nesting sea turtles. *Climate Change Ecology*, 2: 100034. https://doi.org/10.1016/j.ecochg.2021.100034
Putman, N. F. & Naro-Maciel, E. (2013). Finding the »lost years« in green turtles: insights from ocean circulation models and genetic analysis. *Proceedings of the Royal Society B*, 280: 20131468. http://dx.doi.org/10.1098/rspb.2013.1468
Resiere, D. *et al.* (2021). *Sargassum* seaweed health menace in the Caribbean: clinical characteristics of a population exposed to hydrogen sulfide during the 2018 massive stranding. *Clinical Toxicology*, 59: 215-223. https://doi.org/10.1080/15563650.2020.1789162
Wang, M. *et al.* (2019): The great Atlantic *Sargassum* belt. *Science*, 365 (6448): 83–87. https://doi.org/10.1126/science.aaw7912

Die Supersinne der Meeresnomaden

Brothers, J. R. & Lohmann, K. J. (2015). Evidence for Geomagnetic Imprinting and Magnetic Navigation in the Natal Homing of Sea Turtles. *Current Biology*, 25 (3): 392-396. https://doi.org/10.1016/j.cub.2014.12.035

Endres, C. S. & Lohmann, K. J. (2013). Detection of coastal mud odors by loggerhead sea turtles: a possible mechanism for sensing nearby land. *Marine Biology*, 160: 2951-2956. http://doi.org/10.1007/s00227-013-2285-6

Endres, C. S. *et al.* (2009). Perception of airborne odors by loggerhead sea turtles. *Journal of Experimental Biology*, 212 (23): 3823-3827. http://doi.org/10.1242/jeb.033068

Haas, B. J. & Whited, J. L. (2017). Advances in Decoding Axolotl Limb Regeneration. *Trends in Genetics*, 33 (8): 553-565. https://doi.org/10.1016/j.tig.2017.05.006

Hawkes, L.A. *et al.* (2007). Only some like it hot — quantifying the environmental niche of the loggerhead sea turtle. *Diversity and Distributions*, 13: 447-457. https://doi.org/10.1111/j.1472-4642.2007.00354.x

Hays, G.C. *et al.* (2020). Open Ocean Reorientation and Challenges of Island Finding by Sea Turtles during Long-Distance Migration. *Current Biology*, 30 (16): P3236-3242.E3. https://doi.org/10.1016/j.cub.2020.05.086

Hays, G.C. *et al.* (2003). Island-finding ability of marine turtles. *Proceedings of the Royal Society B: Biological Sciences*, 270: S5–S7. http://doi.org/10.1098/rsbl.2003.0022

https://www.gfz-potsdam.de/magservice/faq#c2268

Lohmann, K.J. & Lohmann, C. M. F. (1996). Orientation and open sea navigation in sea turtles. *The Journal of Experimental Biology*, 199: 73–81. https://doi.org/10.1242/jeb.199.1.73

Lohmann, K. J. *et al.* (2001). Regional Magnetic Fields as Navigational Markers for Sea Turtles. *Science*, 294: 364. https://doi.org/10.1126/science.1064557

Lohmann, K. J. *et al.* (2004). Geomagnetic map used in sea-turtle navigation. *Nature*, 428: 909–910. https://doi.org/10.1038/428909a

Luschi, P. *et al.* (2007). Marine turtles use geomagnetic cues during open-sea homing. *Current Biology,* 17 (2): 126-33. http://doi.org/10.1016/j.cub.2006.11.062.

Narazaki, T. *et al.* (2021). Similar circling movements observed across marine megafauna taxa. *iScience*, 24 (4): 102221. https://doi.org/10.1016/j.isci.2021.102221

Natan, E. *et al.* (2020). Symbiotic magnetic sensing: raising evidence and beyond. *Philosophical Transactions of the Royal Society B*, 375: 20190595. http://dx.doi.org/10.1098/rstb.2019.0595

Natan, E. & Vortman, Y. (2017). The symbiotic magnetic-sensing hypothesis: do *Magnetotactic Bacteria* underlie the magnetic sensing capability of animals? *Movement Ecology*, 5: 22. https://doi.org/10.1186/s40462-017-0113-1

Putman, N. F. *et al.* (2011). Longitude Perception and Bicoordinate Magnetic Maps in Sea Turtles. *Current Biology*, 21 (6): 463-466. https://doi.org/10.1016/j.cub.2011.01.057

Die Weisheit trägt Panzer

https://buchblog.schreibtrieb.com/schritt-fuer-schritt-die-schildkroete-bei-michael-ende

https://de.wikipedia.org/wiki/Schildkröte_(Wappentier)

https://en.wikipedia.org/wiki/World_Turtle

https://maui.hawaii.edu/hooulu/2016/06/11/an-aumakua-for-kauila-protecting-the-hawaiian-green-sea-turtle/

https://ocean.si.edu/ocean-life/reptiles/sea-turtles

https://wwf.panda.org/wwf_news/?2450/Hindu-high-priests-and-Adat-leaders-support-turtle-conservation

https://www.hmdb.org/m.asp?m=129454

https://www.thecanadianencyclopedia.ca/en/article/turtle-island

Bedrohte Panzerträger

Bjorndal, K. & Jackson, J. B. C. (2003). Roles of sea turtles in marine ecosystems: Reconstructing the past. In Lutz, P. L., Musick, J. A. & Wyneken, J. (Eds.) The Biology of Sea Turtles Volume II. CRC Press, Boca Raton, Florida (USA), pp. 259-273.

Casale, P. & Ceriani, S. A. (2020). Sea turtle populations are overestimated worldwide from remigration intervals: correction for bias. *Endangered Species Research*, 30: 141-151.

https://doi.org/10.3354/esr01019

CITES Secretariat (2019). Status, scope and trends of the legal and illegal international trade in marine turtles, its conservation impacts, management options and mitigation priorities. Eighteenth (18th) meeting of the CITES Conference of the Parties (Geneva, August 2019), Document CoP18 Inf. 18. http://www.iacseaturtle.org/eng-docs/tecnicos/CITES_Sea_Turtle_Trade_ENG.pdf

https://cites.org/sites/default/files/eng/com/sc/70/E-SC70-50.pdf

https://oliveridleyproject.org/ufaqs/how-many-sea-turtles-are-left

https://www.unbonn.org/de/CMS

Wallace, B. P. (2020). How many sea turtles are there? SWOT Report XV: 41.

Washingtoner Artenschutzübereinkommen: https://cites.org/eng

Begehrte Delikatessen

Bericht über die Artenschutzhunde Karetta und Kelo: https://programm.ard.de/TV/arte/geo-reportage/eid_287242711283258

https://www.seaturtlestatus.org/swot-report-vol-17

https://www.turtle-foundation.org/chelonitoxismus-drei-menschen-in-indonesien-gestorben-2018-02/

Marco, A. *et al.* (2012). Abundance and exploitation of loggerhead turtles nesting in Boa Vista island, Cape Verde:

the only substantial rookery in the eastern Atlantic. *Animal Conservation,* 15: 351-360. https://doi.org/10.1111/j.1469-1795.2012.00547.x
Martins, S. T. *et al.* (2015). The use of sea turtles in traditional medicine in the Cape Verde Archipelago, West Africa. *African Sea Turtle Newsletter,* No. 4
https://www.researchgate.net/publication/283090886_The_Use_of_Sea_Turtles_in_Traditional_Medicine_in_the_Cape_Verde_Archipelago_West_Africa

Das leise Sterben

C4ADS (2018): In Plain Sight. Wildlife Trafficking in the Air Transport Sector. https://www.traffic.org/site/assets/files/10858/in_plane_sight.pdf
https://www.wwf.de/aktiv-werden/tipps-fuer-den-alltag/umweltvertraeglich-reisen/wwf-souvenir-ratgeber
https://wildaid.org/wp-content/uploads/2018/05/SeaTurtleReport.pdf
https://www.artenschutz-online.de/information/laenderauswahl.php
https://www.businessinsider.com/chinese-seize-turtle-products-and-in-a-black-market-crackdown-2018-12?r=DE&IR=T
https://www.cbd.int/gbo5
https://www.miamiherald.com/news/local/environment/article244900152.html
https://www.traffic.org/
https://www.wwf.de/aktiv-werden/tipps-fuer-den-alltag/umweltvertraeglich-reisen/der-wwf-souvenirfuehrer
https://www.zoll.de/DE/Home/home_node.html
Lam, T. *et al.* (2011). Market Forces: An Examination of Marine Turtle Trade in China and Japan. TRAFFIC East Asia, Hong Kong.
https://www.traffic.org/site/assets/files/2601/marine_turtle_trade_china_japan.pdf

WWF (2020) Living Planet Report. Bending the curve of biodiversity loss. Almond, R. E. A., Grooten, M. & Petersen, T. (Eds). WWF, Gland, Switzerland. https://www.worldwildlife.org/publications/living-planet-report-2020

Schön, schöner, Schildpatt

https://www.seeturtles.org/too-rare-to-wear

Miller, E. A. *et al.* (2019). The historical development of complex global trafficking networks for marine wildlife. *Science Advances*, 5: eaav5948. http://doi.org/10.1126/sciadv.aav5948

Nahill, B. *et al.* (2020). The Global Tortoiseshell Trade. https://www.researchgate.net/publication/340935222_The_Global_Tortoiseshell_Trade

Remetter, R. (2002). Schildpatt, das Material und Möglichkeiten seiner Verarbeitung. http://www.moebel-holzobjekte.de/documents/schildpatt.pdf?KID=2

Supernasen

Okes, N. & Sant, G. (2019). An overview of major shark traders, catchers and species. TRAFFIC, Cambridge, UK. https://www.traffic.org/publications/reports/an-overview-of-major-shark-and-ray-catchers-traders-and-species/

Pepita – eine Meeresschildkröte mit Arthritis

Carpentieri, P. *et al.* eds. (2021). Incidental catch of vulnerable species in Mediterranean and Black Sea fisheries – A review. *Studies and Reviews* No. 101 (General Fisheries Commission for the Mediterranean). Rome, FAO. https://doi.org/10.4060/cb5405en

Casale, P. & Heppell, S. (2016). How much sea turtle bycatch is too much? A stationary age distribution model for simulating population abundance and potential biological removal in the Mediterranean. *Endangered Species Research*, 29: 239-254. https://doi.org/10.3354/esr00714

Casale, P. (2008). Incidental catch of marine turtles in the Mediterranean Sea: captures, mortality, priorities. WWF Italy, Rome. https://wwfeu.awsassets.panda.org/downloads/casale_2008_turtle_bycatch_med_wwf.pdf

FAO (2020). *The State of Mediterranean and Black Sea Fisheries 2020*. General Fisheries Commission for the Mediterranean. Rome. https://doi.org/10.4060/cb2429en

FAO (2022). In Brief to The State of World Fisheries and Aquaculture 2022. Towards Blue Transformation. Rome, FAO. https://doi.org/10.4060/cc0463en

Gray, C. A. & Kennelly, S. J. (2018). Bycatches of endangered, threatened and protected species in marine fisheries. *Reviews in Fish Biology and Fisheries,* 28: 521-541. https://doi.org/10.1007/s11160-018-9520-7

https://www.szn.it/index.php/it/

https://www.szn.it/index.php/it/divulgazione/centro-ricerche-tartarughe-marine

Lucchetti, A. *et al* (2019) Reducing Sea Turtle Bycatch in the Mediterranean Mixed Demersal Fisheries. *Frontiers in Marine Science*, 6: 387. http://doi.org/10.3389/fmars.2019.00387

Pérez Roda, M. A. (ed.) *et al.* (2019). A third assessment of global marine fisheries discards. FAO Fisheries and Aquaculture Technical Paper No. 633. Rome, FAO. 78 pp. https://www.fao.org/documents/card/fr/c/CA2905EN/

Shana, P. & Eckert, K. L. (2006). Marine Turtle Trauma Response Procedures: A Field Guide. *Wider Caribbean Sea Turtle Conservation Network (WIDECAST) Technical Report* No. 4. Beaufort, North Carolina USA. 71 pp. https://www.widecast.org/Resources/Docs/Phelan_and_Eckert_2006_Sea_Turtle_Trauma_Response_Field_Guide.pdf

Wallace, B. P. C. *et al.* (2013). Impacts of fisheries bycatch on marine turtle populations worldwide: toward conservation and research priorities. *Ecosphere*, 4 (3): 40. http://dx.doi.org/10.1890/ES12-00388.1

Geister der Meere

Greenpeace International. (2019). Ghost Gear: The Abandoned Fishing Nets Haunting Our Oceans. https://www.greenpeace.org/static/planet4-international-stateless/2019/11/8f290a4f-ghostgearfishingreport2019_greenpeace.pdf

Kuczenski, B. *et al.* (2021). Plastic gear loss estimates from remote observation of industrial fishing activity. *Fish and Fisheries*, 23 (1): 22-33. https://doi.org/10.1111/faf.12596

Lebreton, L. *et al.* (2018). Evidence that the Great Pacific garbage patch is rapidly accumulating plastic. *Scientific Reports*, 8: 4666. https://doi.org/10.1038/s41598-018-22939-w

Lebreton, L. *et al.* (2022). Industrialised fishing nations largely contribute to floating plastic pollution in the North Pacific subtropical gyre. *Scientific Reports*, 12: 12666. https://doi.org/10.1038/s41598-022-16529-0

Macfadyen, G. *et al.* (2009). Abandoned, lost or otherwise discarded fishing gear. *UNEP Regional Seas Reports and Studies*, No. 185; *FAO Fisheries and Aquaculture Technical Paper*, No. 523. Rome, UNEP/FAO. 2009. 115p. https://www.fao.org/3/i0620e/i0620e.pdf

OECD (2021), »Towards G7 action to combat ghost fishing gear: A background report prepared for the 2021 G7 Presidency of the United Kingdom«, *OECD Environment Policy Papers*, No. 25, OECD Publishing, Paris, https://doi.org/10.1787/a4c86e42-en.

The Ocean Cleanup: https://theoceancleanup.com/great-pacific-garbage-patch/

Von Plastik-Quellen und Plastik-Quallen

Arcangeli, A. *et al.* (2019) Turtles on the trash track: loggerhead turtles exposed to floating plastic in the Mediterranean Sea. *Endangered Species Research*, 40: 107-121. https://doi.org/10.3354/esr00980

Bailey, D. *et al.* (2021). Sea turtles and the Deepwater Horizon oil spill, Updated 2021. GOMSG-G-21-009. https://masgc.org/oilscience/oil-spill-science-sea-turtles.pdf

Borrelle, S. B. *et al.* (2020). Predicted growth in plastic waste exceeds efforts to mitigate plastic pollution. *Science,* 369 (6510): 1515–1518. https://doi.org/10.1126/science.aba3656

Chiba, S. *et al.* (2018): Human footprint in the abyss: 30 year records of deep-sea plastic debris. *Marine Policy*, 96: 204–212. https://doi.org/10.1016/j.marpol.2018.03.022

Duncan, E. M. *et al.* (2021). Plastic Pollution and Small Juvenile Marine Turtles: A Potential Evolutionary Trap. *Frontiers in Marine Science*, 8: 699521. http://doi.org/10.3389/fmars.2021.699521

Duncan, E. M. *et al.* (2018). Microplastic ingestion ubiquitous in marine turtles. *Global Change Biology*, 25 (2). https://doi.org/10.1111/gcb.14519

Elhacham, E. *et al (2020).* Global human-made mass exceeds all living biomass. *Nature*, 588: 442–444. https://doi.org/10.1038/s41586-020-3010-5

González-Fernández, D. *et al.* (2021). Floating macrolitter leaked from Europe into the ocean. *Nature Sustainability*, 4: 474–483. https://doi.org/10.1038/s41893-021-00722-6

https://plasticseurope.org/wp-content/uploads/2021/12/Plastics-the-Facts-2021-web-final.pdf

https://theoceancleanup.com/faq/how-much-plastic-is-in-the-ocean/

https://www.evs.de/umwelt/forschung-und-entwicklung/klaerschlamm-mineralisierung

Jambeck, J. R. *et al.* (2015): Plastic waste inputs from land into the ocean. *Science*, 347 (6223): 768–771. https://doi.org/10.1126/science.1260352

Lebreton, L. & Andrady, A. (2019). Future scenarios of global plastic waste generation and disposal. *Palgrave Communications*, 5: 6. https://doi.org/10.1057/s41599-018-0212-7

Lebreton, L. *et al.* (2019). A global mass budget for positively buoyant macroplastic debris in the ocean. *Scientific Reports*, 9 (1): 12922. https://doi.org/10.1038/s41598-019-49413-5

OECD (2022), Global Plastics Outlook: Economic Drivers, Environmental Impacts and Policy Options, OECD Publishing, Paris. https://doi.org/10.1787/de747aef-en

Schmidt, C. *et al.* (2017): Export of Plastic Debris by Rivers into the Sea. *Environmental Science & Technology*, 51 (21): 12246–12253. https://doi.org/10.1021/acs.est.7b02368

Schuyler, Q. *et al.* (2012). To Eat or Not to Eat? Debris Selectivity by Marine Turtles. *PLoS ONE*, 7 (7): e40884. http://doi.org/10.1371/journal.pone.0040884

Schuyler, Q. *et al.* (2014). Global Analysis of Anthropogenic Debris Ingestion by Sea Turtles. *Conservation Biology*, 28 (1): 129–139. http://doi.org/10.1111/cobi.12126

Tekman, M. B. *et al.* (2022): Impacts of plastic pollution in the oceans on marine species, biodiversity and ecosystems, 1–221, WWF Germany, Berlin. http://doi.org/10.5281/zenodo.5898684

United Nations Environment Programme (2021). From Pollution to Solution: A global assessment of marine litter and plastic pollution. Nairobi. https://www.unep.org/resources/pollution-solution-global-assessment-marine-litter-and-plastic-pollution

Van Calcar, C. J. & van Emmerik, T. H. M. (2019). Abundance of plastic debris across European and Asian rivers. *Environmental Research Letters*, 14: 124051. https://doi.org/10.1088/1748-9326/ab5468

Wilcox, C. *et al.* (2018). A quantitative analysis linking sea turtle mortality and plastic debris ingestion. *Scientific Reports*, 8: 12536. https://doi.org/10.1038/s41598-018-30038-z

Zu warm. Zu weiblich?

Hays, G. C. *et al.* (2014). Different male vs. female breeding periodicity helps mitigate offspring sex ratio skews in sea turtles. *Frontiers in Marine Science,* 1 (43). https://doi.org/10.3389/fmars.2014.00043

https://www.deutsches-klima-konsortium.de/fileadmin/user_upload/pdfs/Publikationen_DKK/basisfakten-klimawandel.pdf

IPCC, 2022: Climate Change 2022: Impacts, Adaptation, and Vulnerability. Contribution of Working Group II to the Sixth Assessment Report of the Intergovernmental Panel on Climate Change [H.-O. Pörtner, D.C. Roberts, M. Tignor, E.S. Poloczanska, K. Mintenbeck, A. Alegría, M. Craig, S. Langsdorf, S. Löschke, V. Möller, A. Okem, B. Rama (eds.)]. Cambridge University Press.

Jensen, M. P. *et al.* (2018). Environmental warming and feminization of one of the largest sea turtle populations in the world. *Current Biology,* 28: 154–159. https://doi.org/10.1016/j.cub.2017.11.057

Santidrián Tomillo, P. & Spotila, J. R. (2020). Temperature-Dependent Sex Determination in Sea Turtles in the Context of Climate Change: Uncovering the Adaptive Significance. *BioEssays,* 42 (11): 2000146. https://doi.org/10.1002/bies.202000146

Eine Flosse voll Hoffnung

Duarte, C. M. *et al.* (2020). Rebuilding marine life. *Nature,* 580 (7801): 39–51. http://doi.org/10.1038/s41586-020-2146-7

https://www.wwf.de/living-planet-report

Leclère, D. *et al.* (2020). Bending the curve of terrestrial biodiversity needs an integrated strategy. *Nature,* 585: 551–556. https://doi.org/10.1038/s41586-020-2705-y

Mazaris, A. D. *et al.* (2017). Global sea turtle conservation successes. *Science Advances,* 3 (9): e1600730. http://doi.org/10.1126/sciadv.1600730

Kapitelübergreifende Quellen

Bagusche, F. (2019): Das Blaue Wunder. Ludwig Verlag, Verlagsgruppe Random House GmbH. https://www.penguinrandomhouse.de/Buch/Das-blaue-Wunder/Frauke-Bagusche/Ludwig/e540609.rhd
https://conserveturtles.org
https://ocean.si.edu/ocean-life/reptiles/sea-turtles
https://spektrum.de/
https://www.scinexx.de/
https://www.seaturtlestatus.org/swot-report
https://www.traffic.org/
https://www.turtle-foundation.org/
IUCN-SSC Meeresschildkrötenexperten-Gruppe: https://www.iucn-mtsg.org/
mare – Die Zeitschrift der Meere. No. 41 /Schildkröten – Weltenbummler der Meere. mareverlag
Spotila, J. R. (2004). Sea turtles: a complete guide to their biology, behaviour and conservation. *The John Hopkins University Press, Baltimore and London.*
Weltnaturschutzorganisation IUCN: https://www.iucn.org/
www.wikipedia.de

Helfen Sie mit, Meeresschildkröten zu helfen. Hier einige ausgewählte Projekte, die Sie unterstützen können:

https://conserveturtles.org/support-stc-make-a-donation-to-stc/
https://oliveridleyproject.org/donate
https://seaturtlehospitalstore.com/collections/donations
https://www.seeturtles.org/donations
https://www.turtle-foundation.org/

Bildnachweis

Bildredaktion: Tanja Zielezniak

Umschlaggestaltung: wilhelm typo grafisch, unter Verwendung eines Fotos von Shutterstock.com/ Willyam Bradberry

Bildteil:
Seite 1: Lisa Bauer;
Seite 2/3: Holger Anlauf;
Seite 4: Pierre Bouras;
Seite 5 o.: Pierre Bouras;
Seite 5 u.: Frauke Bagusche;
Seite 6: Holger Anlauf;
Seite 7: Verena Wiesbauer;
Seite 8/9: Andreas Windhagen;
Seite 10: Pierre Bouras;
Seite 11: Turtle Foundation;
Seite 12: Frauke Bagusche;
Seite 13: Frauke Bagusche;
Seite 14/15: Holger Anlauf;
Seite 16/17: Inka Hagen;
Seite 18: Inka Hagen;
Seite 19 o.: Holger Anlauf;
Seite 19 u.: Andreas Windhagen;
Seite 20: Turtle Foundation;
Seite 21: Elio Christofori;
Seite 22/23:Turtle Foundation;
Seite 24: Holger Anlauf;
Seite 25: Frauke Bagusche;

Seite 26 o.: Pierre Bouras;
Seite 26 u.: Turtle Foundation;
Seite 27: Turtle Foundation;
Seite 28/29: Christian Horras;
Seite 30 o.: Holger Anlauf;
Seite 30 u.: Frauke Bagusche;
Seite 31: Frauke Bagusche;
Seite 32: Christian Horras

Wege von Plastikmüll ins Meer

Ablagerungen aus der Atmosphäre

Verluste be
der Müllab

Transport über die Flüsse ins Meer

Abwasser aus Siedlungen und Haushalten

Ausbringung in der Landwirtschaft auf die Äcker, sowie Abrieb von Mulchfolien und anderen Plastikteilen

Abwasser aus Kläranlagen nach unvollständiger Filtration von Mikroplastik

Aufnahme in die menschliche Nahrungskette über Fischereierzeug

Mechanische Zersetzung zu Mikro- und Nanoplastikpartikeln

Meeresbewohner fressen und verbreiten Pla

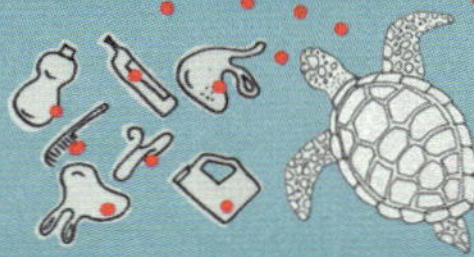

Verfangen von Tieren in Angelleinen, Netzen und Plastikmüll